CB080660

Maracujá-doce

FUNDAÇÃO EDITORA DA UNESP

Presidente do Conselho Curador
Marcos Macari

Diretor-Presidente
José Castilho Marques Neto

Editor Executivo
Jézio Hernani Bomfim Gutierre

Conselho Editorial Acadêmico
Antonio Celso Ferreira
Cláudio Antonio Rabello Coelho
Elizabeth Berwerth Stucchi
Kester Carrara
Maria do Rosário Longo Mortatti
Maria Encarnação Beltrão Sposito
Maria Heloísa Martins Dias
Mario Fernando Bolognesi
Paulo José Brando Santilli
Roberto André Kraenkel

Editores Assistentes
Anderson Nobara
Denise Katchuian Dognini
Dida Bessana

SARITA LEONEL
E ALOÍSIO COSTA SAMPAIO

MARACUJÁ-DOCE
ASPECTOS TÉCNICOS E ECONÔMICOS

editora
unesp

© 2007 Editora UNESP

Direitos de publicação reservados à:
Fundação Editora da UNESP (FEU)

Praça da Sé, 108
01001-900 – São Paulo – SP
Tel.: (0xx11) 3242-7171
Fax: (0xx11) 3242-7172
www.editoraunesp.com.br
feu@editora.unesp.br

CIP – Brasil. Catalogação na fonte
Sindicato Nacional dos Editores de Livros, RJ

L599m

Leonel, Sarita
Maracujá-doce: aspectos técnicos e econômicos / Sarita Leonel e Aloísio Costa Sampaio. - São Paulo: Editora UNESP, 2007.
il.

Inclui bibliografia
ISBN 978-85-7139-752-1

1. Maracujá. 2. Maracujá - Cultivo. I. Sampaio, Aloísio Costa. II. Título.

07-0766. CDD 634.425
CDU 634.776.3

Este livro é publicado pelo projeto Edição de Textos de Docentes e Pós-Graduados da UNESP – Pró-Reitoria de Pós-Graduação da UNESP (PROPG) / Fundação Editora da UNESP (FEU)

Editora afiliada:

Asociación de Editoriales Universitarias de América Latina y el Caribe

Associação Brasileira de Editoras Universitárias

ABDR – Cópia não autorizada é crime – Respeite o direito autoral

Sumário

1
ASPECTOS ECONÔMICOS: MERCADO NACIONAL E INTERNACIONAL

Cíntia de Souza Silva[1]
Paulo Sérgio Rua[2]

Introdução

O Brasil é um dos principais centros de origem de espécies do gênero *Passiflora*, apresentando um grande potencial para seleção de plantas que possam ser utilizadas, direta ou indiretamente, com o intuito de atender os mercados de fruta fresca, suco concentrado, bem como explorar o uso destas plantas como ornamentais e medicinais.

Entre todas as diferentes espécies, nem todas são comestíveis e apenas um número pequeno consegue ocupar espaços nos grandes mercados fruteiros nacionais e internacionais. As mais conhecidas são basicamente duas: o maracujá-amarelo e o maracujá-roxo e doce.

O maracujá-doce (*Passiflora alata* Dryand), uma espécie nativa do Brasil, tem potencial para atender diferentes nichos de mercado, visto que:

- suas flores grandes, coloridas e muito atrativas, associadas ao vigoroso crescimento da planta, são usadas para fins ornamentais;
- das folhas e ramos é extraída a passiflorina, muito utilizada na indústria farmacêutica.

---

1 Engenheira agrônoma, mestre em Horticultura na Faculdade de Ciências Agronômicas da Unesp, *campus* de Botucatu.

2 Engenheiro florestal, formado na Faculdade de Ciências Agronômicas da Unesp, *campus* de Botucatu.

- o principal objetivo do cultivo do maracujá-doce é a obtenção dos seus frutos, que, ao contrário do maracujá-amarelo, atendem exclusivamente ao mercado de frutas frescas, no qual alcançam os melhores preços.

Em relação aos aspectos econômicos do maracujazeiro-doce no Brasil, os dados são muito limitados, tendo em vista sua recente e ainda pequena participação no mercado de frutas frescas. Portanto, neste trabalho serão relatados aspectos econômicos tanto do maracujazeiro-doce quanto do azedo, a fim de apresentar com maior clareza a cadeia produtiva geral de maracujá no Brasil.

Panorama do mercado internacional do maracujá

Com aproximadamente 36 mil hectares, o Brasil é o maior produtor mundial do maracujá, mas ainda não explora toda potencialidade econômica desse singular fruto tropical. Os demais produtores estão localizados na América do Sul (Peru e Venezuela), África do Sul, Sri Lanka e Austrália (Cançado Júnior et al., 2000).

Mercado da fruta fresca

Bruckner & Picanço (2001) relatam que as estatísticas internacionais apontam algum comércio de frutos *in natura* (menos de 0,5% do total produzido mundialmente), mas o Brasil não tem participado deste mercado. Para que se tenha uma idéia do comércio de maracujás *in natura*, no qual predomina o maracujá-roxo, dados do Unctad, apresentados por Sato et al. (1992), mostram que a Europa importou 621 toneladas de maracujás em 1986, sendo o Quênia o principal fornecedor.

De acordo com Ruggiero et al. (1996), as exportações brasileiras de fruta fresca são insignificantes. Os maiores exportadores da fruta, principalmente do maracujá-roxo, são Quênia, Austrália, Fiji, Taiwan, Venezuela e África do Sul, que vendem principalmente para a Europa (Cançado Júnior et al., 2000).

Mercado de suco concentrado

Dentro da cadeia produtiva do maracujá, o suco é o produto com maior participação no comércio internacional, sendo mais da metade da produção mundial da fruta destinada a sua fabricação.

Embora o Brasil seja um dos principais exportadores mundiais de suco de maracujá, suas exportações têm oscilado expressivamente de ano para ano, em função principalmente da concorrência com outros países (Figura 1). Colômbia, Peru, Equador, África do Sul e Quênia apresentam preços e fretes subsidiados ou isenção de taxas alfandegárias, além de mão-de-obra excessivamente barata, oferecendo um produto final a preços mais convidativos.

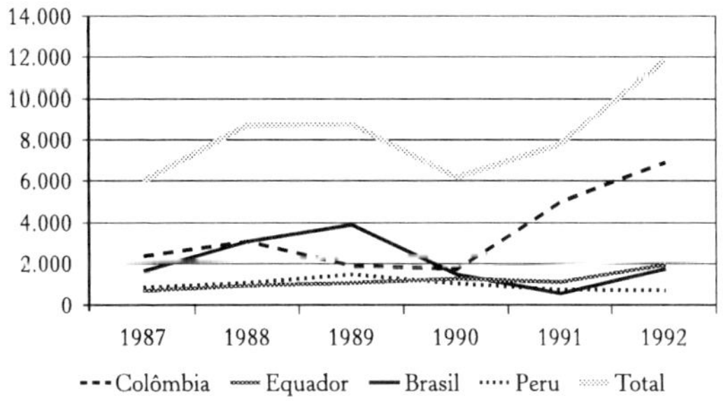

Figura 1 Quantidade de suco exportada pelos principais países exportadores (em toneladas).

Outro fator que leva à irregularidade das exportações de suco pelo Brasil é o fato de que, embora seja grande o número de países importadores do suco brasileiro, os dados mostram que muitos deles têm importado quantidades irrisórias. Segundo Bruckner & Picanço (2001), os principais importadores são os Países Baixos e os EUA, que, juntos, importaram 87% da quantidade das exportações brasileiras em 1996[3]. Essa dependência exagerada de dois mercados torna as exportações brasileiras bastante vulneráveis.

3 De acordo com a Secex/Decex, após 1996, as exportações de suco de maracujá não foram mais contabilizadas separadamente, sendo incluídas na categoria de sucos em geral.

Entretanto, as exportações brasileiras de suco de maracujá apresentaram, no período de 1990 a 1996, crescimento da ordem de 82% no volume comercializado (Figura 2 e 3) e de 290% em termos financeiros.

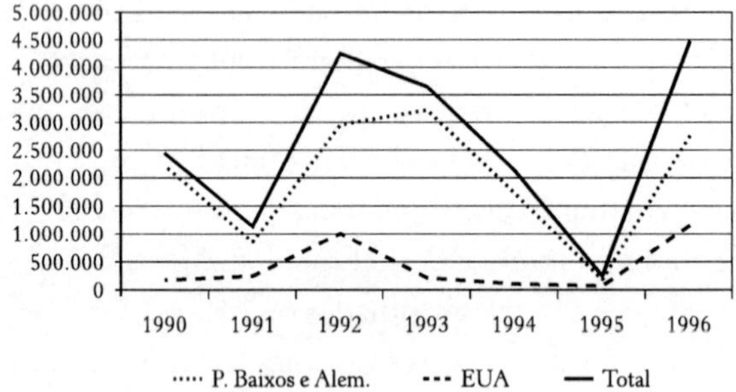

Figura 2 Quantidade (em toneladas) e destino das exportações brasileiras de suco de maracujá.

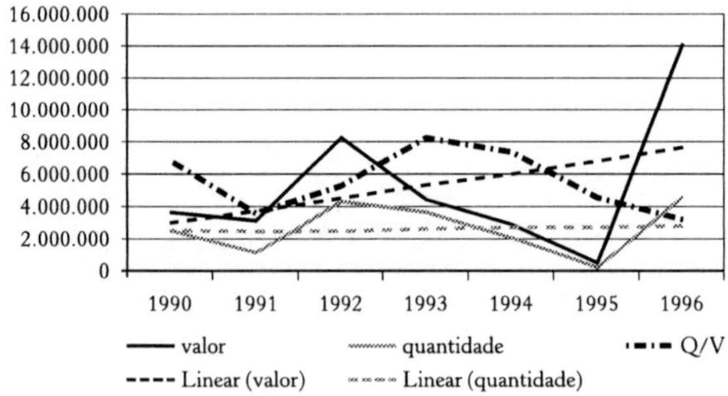

Figura 3 Quantidade (em toneladas) e valor (US$) das exportações brasileiras de suco de maracujá.

Na Figura 4, a origem das exportações brasileiras de suco de maracujá.

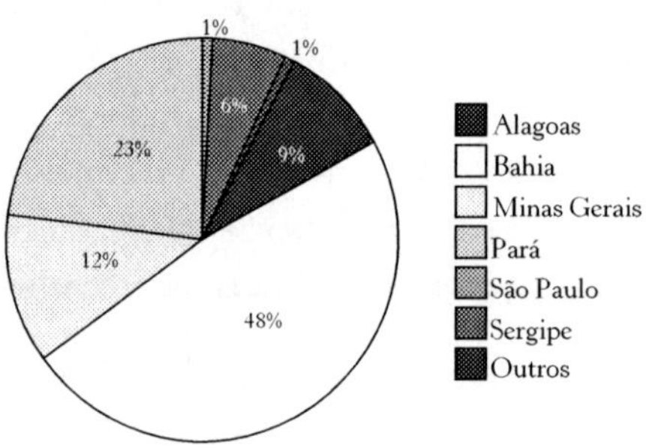

Figura 4 Percentual das exportações brasileiras de suco de maracujá, por estado de origem (1996).

A União Européia é o maior importador do suco de maracujá no mundo, consumindo de 60 a 70% do mercado. Os Estados Unidos absorvem cerca de 20% do mercado mundial (Cançado Júnior et al., 2000). Esses países utilizam o suco concentrado de maracujá na fabricação de bebidas à base de frutas tropicais, um segmento ascendente nos últimos anos (Mercado, 2000).

O mercado internacional de suco concentrado de maracujá apresenta características de instabilidade de preços e é considerado o mais imprevisível dentre os mercados de concentrados de sucos tropicais (Cançado Júnior et al., 2000). No caso do Brasil, a sazonalidade dos preços do suco de maracujá ora está relacionada ao preço da fruta *in natura* no mercado interno, ora às cotações internacionais do suco concentrado (Frutiséries, 2000 e Bruckner & Picanço, 2001).

Deve-se considerar que os preços no mercado internacional apresentaram tendência decrescente na primeira metade da década de 1990. Porém, a partir da metade dessa década, os preços começaram a se recuperar, devido à redução dos estoques e da oferta de suco concentrado, chegando a US$ 3.500,00/tonelada (Cançado Júnior et al., 2000).

O aumento do consumo de sucos no Brasil, elevando os preços internos frente aos do mercado internacional, concorre para estimular o direcionamento da maior parte da produção para o mercado interno. Neste sentido, informações do setor indicam que o preço interno do suco de maracujá situa-se em US$ 1.400,00/t para o integral (Brix 12°), contra US$ 2.300,00/t no mercado internacional para o suco concentrado (Brix 15°) (Frutiséries, 2000).

Panorama do mercado nacional do maracujá

O mercado brasileiro do maracujá tem crescido substancialmente nos últimos anos, tanto em área plantada como em produção, porém apresentou ao longo dos anos de 1990 algumas variações.

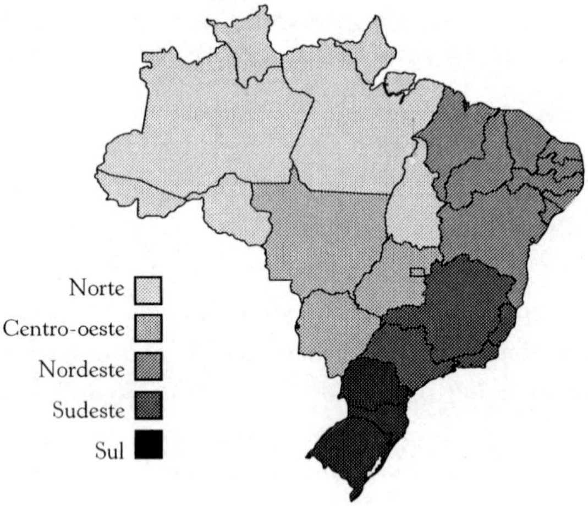

Figura 5 Produção brasileira de maracujá, em porcentagem, por estado (Agrianual, 2004).

Produção de maracujá no Brasil

Em relação à produção, houve um crescimento substancial até o ano de 1996, quando se registrou um aumento de 29% em relação ao ano de 1990 (Cançado Júnior et al., 2000). Os anos de 1997 e 1998 foram marcados por redução do total produzido, fato que pode estar relacionado com a queda da produção no estado do Pará.

A liderança do estado do Pará foi marcante no início da década de 1990, sofrendo declínio substancial a partir do ano de 1996, quando os estados da Bahia e de São Paulo começaram a responder pela maior parte da produção brasileira. Este evento se deve à migração das maiores empresas do setor do estado do Pará para os estados da Bahia e de São Paulo, onde encontraram mercado mais promissor (Cançado Júnior et al., 2000).

A Figura 6 demonstra a evolução da produção de maracujá no Brasil, na qual se observa crescimento de 37,4% entre os anos de 87 a 96 e declínio de 29,1% entre 96 a 99. Contudo, a partir do ano de 1999, o crescimento da produção de maracujá foi acentuado (32%), em função do aumento da produtividade em áreas irrigadas do Nordeste.

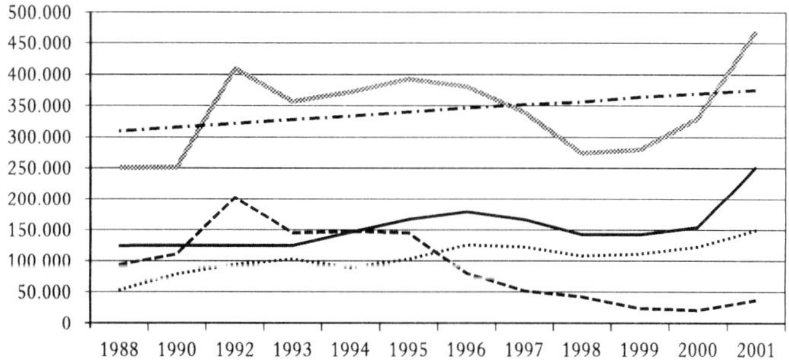

Figura 6 Produção brasileira de maracujá (em toneladas), por região (Agrianual, 2004).

Por meio da análise das Figuras 7 e 8 pode-se também confirmar o comportamento relativo à transferência da primeira posição do Pará para Bahia e São Paulo. Atualmente, os maiores produtores na região Sudeste são respectivamente, São Paulo e Minas Gerais. Neste último estado, a produção é em grande parte destinada à extração de suco, pois uma das maiores empresas processadoras de suco de maracujá, a Maguary, localiza-se neste estado.

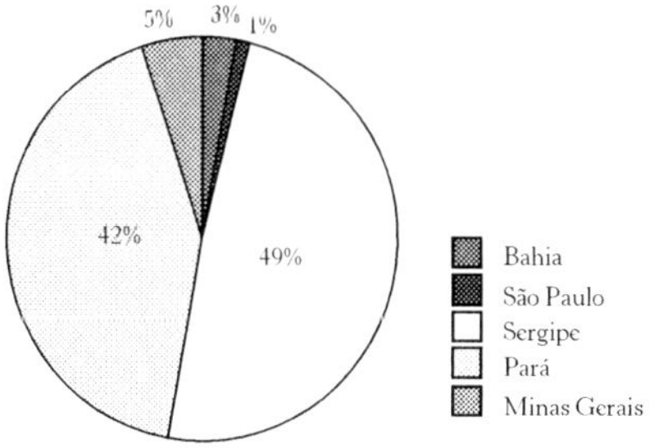

Figura 7 Produção brasileira de maracujá, em porcentagem, por estado em 1988.

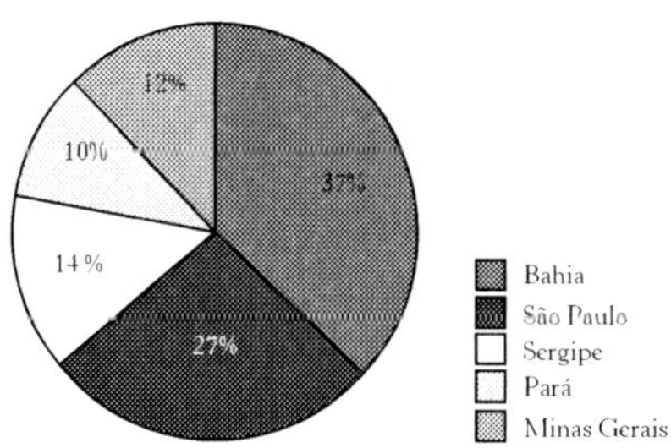

Figura 8 Produção brasileira de maracujá, em porcentagem, por estado em 2001.

Levando-se em consideração o crescimento da comercialização do maracujá-doce no Brasil (Vasconcellos, 2001), sugere-se o aumento em produção desta fruta, sendo que, de acordo com Kavati et al. (1998), a produção de maracujá-doce no Brasil é estimada em torno de 6 mil toneladas.

Segundo Vasconcellos (2001), nos anos de 80, além da produção paulista, os frutos de maracujá-doce foram produzidos principalmente nos estados do Norte e Nordeste. Já nos anos de 1990, a participação de outros estados, excluindo São Paulo, variou de 5% a 15% (PR, MG, SC, ES) em função principalmente da época do ano.

Área cultivada com maracujá no Brasil

Segundo Frutiséries (2000), em relação à área, dados do IBGE sinalizam um crescimento de 28,3 mil ha de área cultivada em 1989 para 44,5 mil ha em 1996, isto é, um aumento de 57,2%. Entretanto, considerando-se a redução verificada nos anos de 1997 e 1998, o saldo do período de 1989 a 1999 foi um aumento da área plantada com a cultura da ordem de 30% (Cançado Júnior et al., 2000).

Salienta-se, contudo, o elevado crescimento da área plantada de maracujá na região Sudeste, sendo representada principalmente pelo estado de São Paulo, onde, segundo os dados do Agrianual (2004), obteve-se um crescimento de 87,9% no período de 1988 a 2001 (Figura 9).

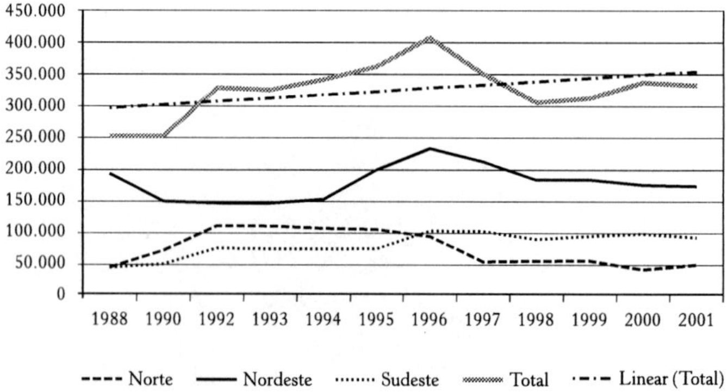

Figura 9 Área colhida de maracujá (em hectares) por região.

De acordo com Kavati et al. (1998), a área cultivada com maracujá-doce é estimada em cerca de 200 ha, ou seja, aproximadamente 0,60% do total da área com plantios desta fruta.

Produtividade de maracujá no Brasil

Embora o estado da Bahia tenha conquistado a posição de primeiro produtor nacional de maracujá e de maior área plantada, quando se considera a produtividade da cultura, esta posição não prevalece (Cançado Júnior et al., 2000).

Segundo dados do Agrianual (2004), a produtividade média no Brasil é de 14,1 t/ha, tendo a região Sudeste apresentado o maior valor, com média de 16,7 t/ha (Figura 10). Em relação ao estado, São Paulo apresenta a maior produtividade, quando, no ano de 2001, obteve um rendimento médio de 19,2 t/ha (Figura 11).

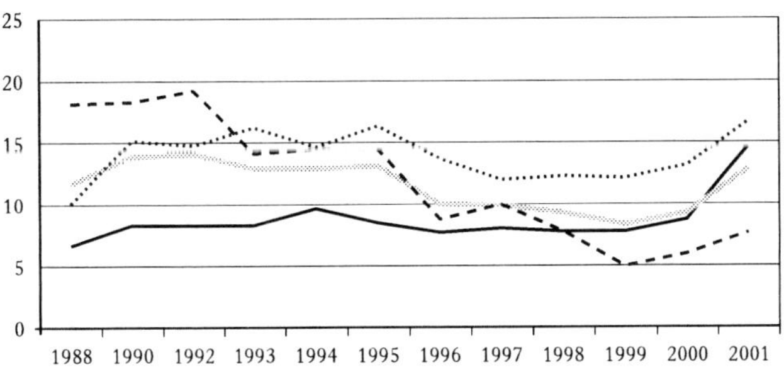

Figura 10 Produtividade de maracujá (em t/ha), por região.

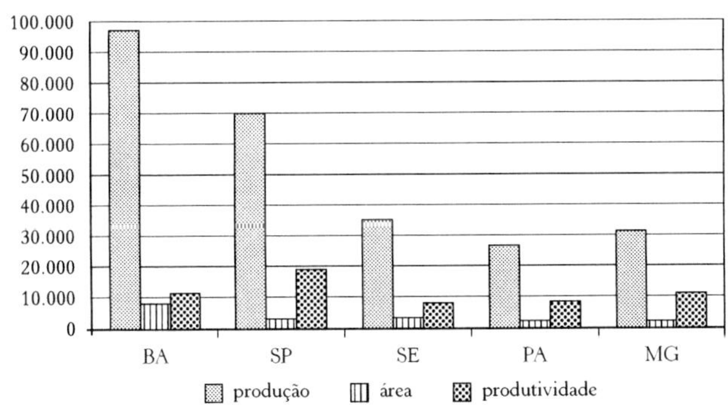

Figura 11 Relação entre produção, área e produtividade de maracujá, em 2001, em diferentes estados.

Entretanto, apesar da elevada produtividade na região Sudeste, deve-se levar em consideração a sazonalidade da cultura, o que significa que enquanto a região Norte e Nordeste produz o maracujazeiro praticamente o ano inteiro, caracterizando-se por uma produção estável, no Sudeste a produção concentra-se em alguns meses do ano, caracterizando-se como uma cultura de safra (Reiter e Heiter, 1998).

De acordo com Kavati et al. (1998), o maracujá-doce apresenta uma produtividade média de 25 a 30 toneladas por hectare, portanto duas vezes superior à média do maracujazeiro-azedo. Contudo, constata-se plantios com produtividade pelo menos duas vezes superior à média.

Comercialização do maracujá no Brasil

Os principais canais de comercialização no Brasil estão explicitados na Figura 12.

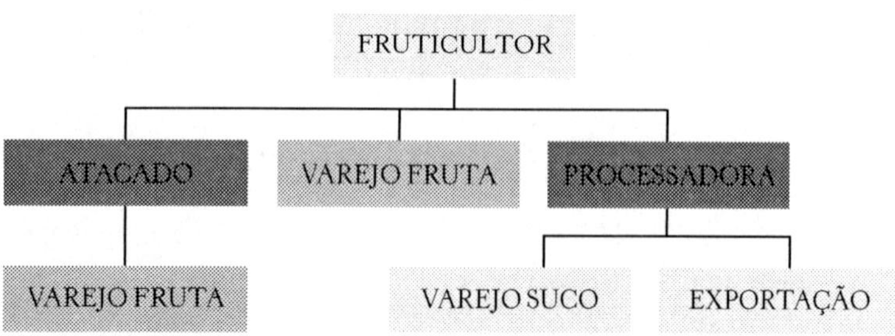

Figura 12 Principais canais de comercialização de maracujá no Brasil.

Mercado atacadista

O principal equipamento atacadista na comercialização de maracujá é o conjunto das centrais de abastecimento (Ceasas) dos maiores centros consumidores do país. Entre as Ceasas, destacam-se a de São

Paulo, de longe a mais importante, a do Rio de Janeiro, a do Recife, a de Salvador e a de Belo Horizonte (Picanço & Bruckner, 2001).

Nas Ceasas, geralmente os frutos do maracujá-azedo são classificados em três tipos, ou seja: Extra AAA, Extra AA e Extra A, sendo comercializados em regime de consignação, com pós-fixação de preços (Proposta, 2002). Normalmente, os frutos são embalados em caixas de madeira tipo K com capacidade para 13 kg de frutos (Proposta, 2002).

O maracujá-doce é comercializado em caixetas que recebem a classificação por tipo 10, 12, 15, 18, 21, 24 e 28, em função da quantidade de frutos que nestas cabem (Vasconcellos, 2001).

Processadoras de suco

O segmento da indústria compra somente durante o período de safra, de acordo com cada região, aproveitando a baixa dos preços. Este segmento não exige qualidade estética. O brix, o rendimento de suco e as perdas de linha (frutos verdes e/ou deteriorados) são as principais características avaliadas (Proposta, 2002).

A venda direta às empresas de processamento pode dar-se via contratos ou mercado. Bando (1998) apresenta uma discussão detalhada sobre as vantagens destas duas formas de negociação.

Recentemente, surgiu uma expressiva quantidade de pequenas indústrias produtoras de polpa de fruta, significando um novo mercado para os frutos de maracujá.

Venda direta ao varejo

Este segmento de comercialização valoriza a qualidade estética da fruta (tamanho, coloração da casca e ausência de defeitos).Entre os diversos equipamentos varejistas, destacam-se as feiras livres, varejões (no caso de pequenos produtores) e supermercados. Neste último caso, entretanto, as exigências em termos de qualidade, fluxo e preço possivelmente inviabilizam a empreitada para boa parcela dos produtores brasileiros.

Dados de comercialização da Ceagesp[4]

Tomando como base os dados da Figura 13, no caso do maracujá-azedo, observa-se que o volume comercializado no mercado apresentou oscilações. No entanto, prevaleceu uma tendência crescente no período da ordem de 13,6%.

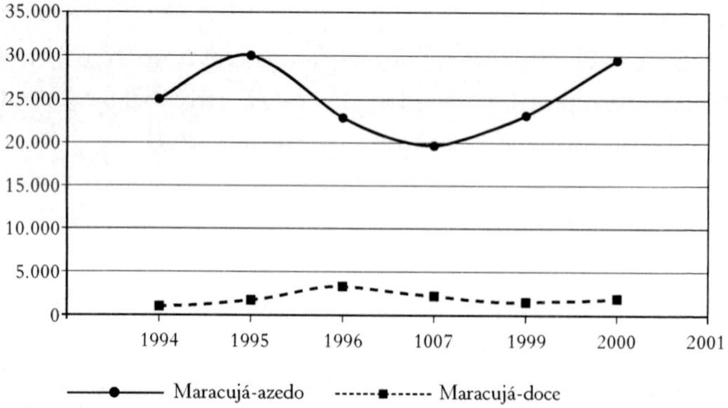

Figura 13 Volume comercializado (em toneladas) no período de 1995 a 2000.

Já no caso do maracujá-doce, a partir de 1992, a cultura experimentou aumento acentuado no volume comercializado (Vasconcellos et al., 2001). Nos anos de 1993 e 1994, o volume comercializado apresentou redução. A partir de 1995, com a estabilidade econômica e o conseqüente aumento do poder aquisitivo da população, o volume de maracujá-doce voltou a crescer.

Na Figura 13, pode-se constatar que nos últimos anos houve um aumento significativo no volume comercializado, chegando a mais de 53% no período. Quando se leva em questão o período entre os anos 1984 e 2000, o crescimento foi superior a 1000%.

---

4 Levando-se em consideração que a Ceagesp é a principal central de abastecimento a comercializar maracujá (azedo e doce), serão apresentados dados referentes somente a esta região.

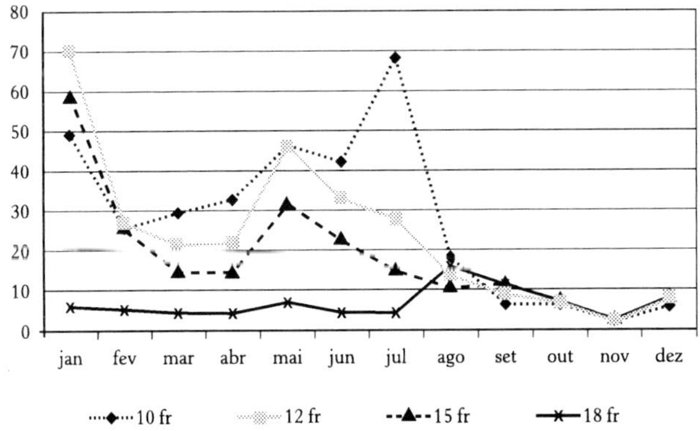

Figura 14 Quantidade de caixetas de maracujá-doce, por tipo, comercializada no ano de 1995.

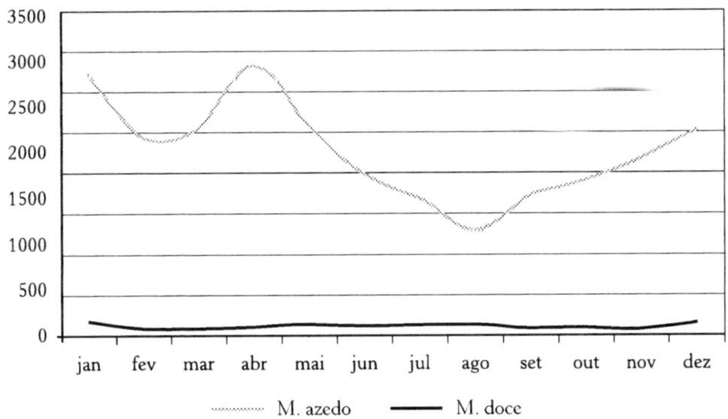

Figura 15 Variação média mensal do volume comercializado no período de 1993-2000.

Segundo Reiter e Heiter (1998), a época de maior volume comercializado de maracujá-azedo é entre janeiro e abril (período em que quase todos os estados produzem a fruta), apresentando queda entre maio e setembro. Nos meses de entressafra, os mercados das regiões Sul e Sudeste são abastecidos com frutos das regiões Nordeste e Norte.

Pela Figura 16, nota-se que, na média de sete anos (1993-2000), ocorreram picos de comercialização em dezembro e janeiro, e que de abril a agosto a oferta se manteve alta e constante, podendo-se considerar dois picos de comercialização em abril/maio e julho/agosto. Os períodos de menores ofertas são os de fevereiro/março e de agosto/novembro.

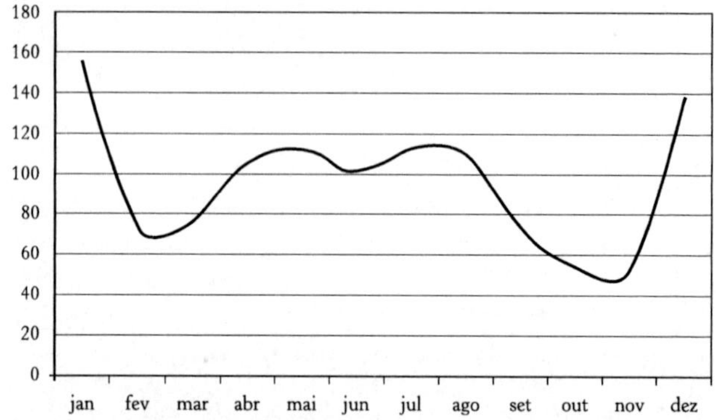

Figura 16 Variação média mensal do volume comercializado de maracujá-doce entre 1993-2000.

Em relação aos preços de maracujá-azedo, Reiter e Heiter (1998) citam que, de modo geral, ocorreu uma tendência de queda de 1994 a 1996. Isso provavelmente se deu devido ao aumento da oferta do produto, principalmente do paulista, ocorrida no período. Já em 1997, ano em que ocorreu uma queda na produção paulista de cerca de 32%, os preços tenderam a aumentar novamente.

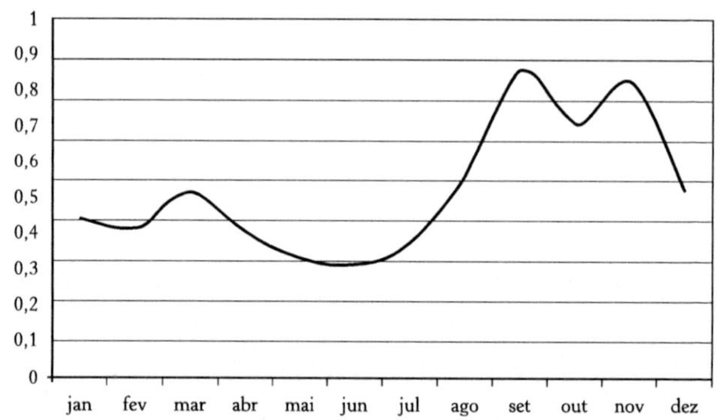

Figura 17 Sazonalidade dos preços (US$/kg) de maracujá-azedo no período de 1997-2000.

Em relação à sazonalidade de preços (Figura 17), nos meses de agosto a novembro, quando a produção diminui ou cessa, configurando entressafra, principalmente nas regiões Sul e Sudeste, os preços são mais altos em todos os anos analisados. Segundo Reiter e

Heiter (1998), isso pode indicar que os estados das regiões Nordeste e Norte, por suprimirem grande parte do mercado nesse período, têm maior vantagem em termos de preços. A média de preços entre 1997 e 2000 foi de US$ 0,52/kg.

No caso do maracujá-doce, entre 1995 e 1997, os maiores preços foram obtidos em 1955, provavelmente como reflexo da situação econômica do país, pois nesse ano houve consideravel aumento no consumo de frutas e hortaliças (Vasconcellos, 2001). Já em 1996 e 1997, com o aumento da oferta, o preço da caixeta caiu.

A sazonalidade de preços pode ser verificada na Figura 18, sendo inversamente proporcional ao volume comercializado. O preço médio no período de 1995 a 1997 foi de R$ 4,47/kg.

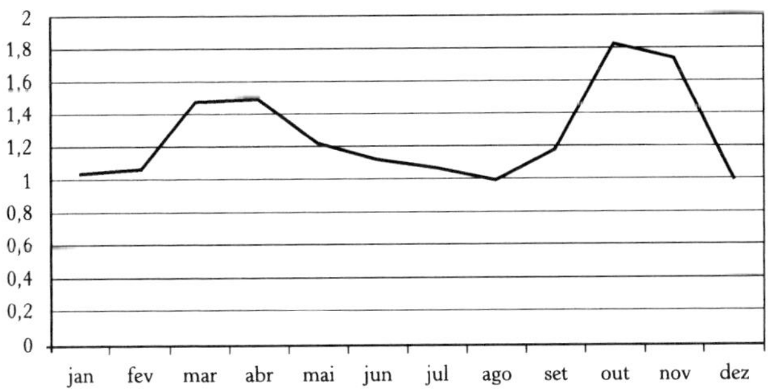

Figura 18 Sazonalidade dos preços (US$/kg) de maracujá-doce no período.

O maior preço do maracujá-doce é conseguido com os frutos maiores[5]. As caixetas tipo 10 e 12 são cotadas a preço médio, consideravelmente superior ao da caixeta tipo 15 e esta muito superior ao tipo 18, cujo preço difere pouco da caixeta tipo 21.

De modo geral, em média, uma caixeta contendo 10 frutos custa US$ 4.97, o que representa US$ 0.50/fruto, conferindo ao maracujá-doce um dos primeiros lugares de preço entre as frutas.

5 O preço da fruta para consumo varia de acordo com a qualidade, época do ano, distância do mercado consumidor etc.

Mercado varejista e perfil do consumidor

Segundo os dados do Instituto de Economia Agrícola do estado de São Paulo (IEA, 2002), a comercialização do maracujá-azedo no mercado varejista vem crescendo ao longo dos últimos anos, assim como a média de preços. Considerando o intervalo entre os anos de 1997 a 2000, os preços cresceram em média 22,9% (Figura 19).

Entretanto, os preços no mesmo período no mercado atacadista decresceram na ordem de 95%. Essa relação propõe algumas conclusões, como uma maior margem de lucro para o varejo e uma maior concorrência no setor atacadista.

Em relação à sazonalidade no ano, as variações nos preços são semelhantes ao do mercado atacadista, que por sua vez segue as oscilações entre a safra e a entressafra desta fruta (Figura 20).

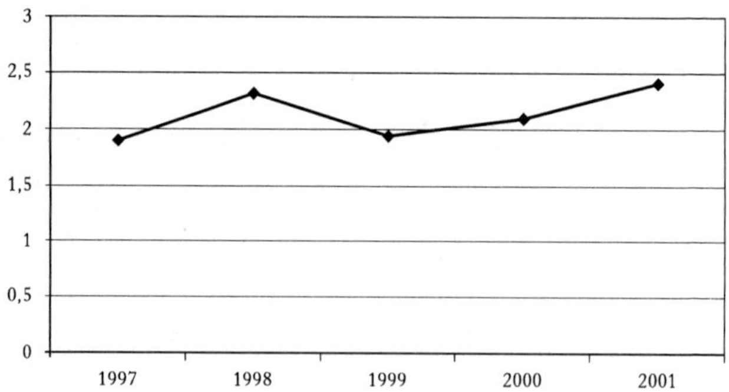

Figura 19 Variação de preços (R$/kg) de maracujá-azedo no período entre 1997 e 2001.

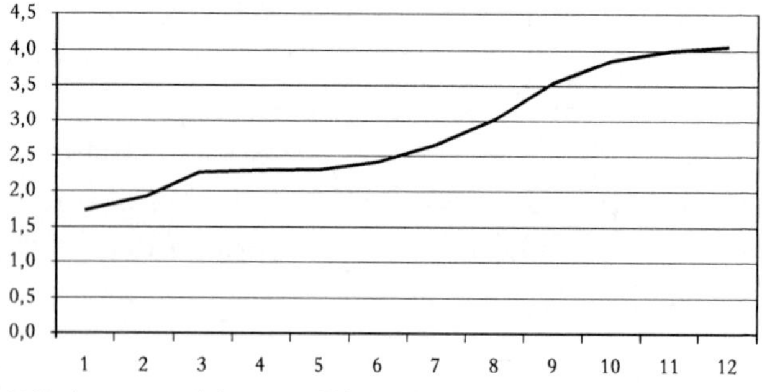

Figura 20 Variação mensal de preços (R$/kg) de maracujá-azedo no período entre 1997 e 2001.

O consumo de maracujá-azedo no Brasil é em média 0,96 kg/ano/pessoa, sendo que em São Paulo, por ser o estado que apresenta maior renda *per capita* do país, o consumo da fruta é um pouco mais elevado, sendo em média 1,50 kg/ano/pessoa (POF, 1997). Contudo, o consumo de maracujá no país torna-se irrisório, quando comparado a outras frutas, como a banana, o mamão e a laranja, com consumos respectivos de 7,0, 3,1 e 11,3 kg/ano/pessoa.

Outro dado peculiar citado por Frutifatos (2000) é o atual crescimento da participação de pré-processados de frutas e hortaliças, que no caso do maracujá representa 6,2% em supermercados.

Considerações finais

Maracujá-azedo

A cultura do maracujazeiro-azedo no Brasil evoluiu significativamente nos últimos anos. Apesar de o produto brasileiro ter perdido espaço no mercado internacional, a segunda metade dos anos de 1990 foi marcada pelo crescimento das exportações de suco.

Porém, para a expansão do mercado internacional da fruta *in natura* é necessário abrir espaço para outros cultivos, como o maracujá-roxo e o doce, pois estes apresentam boa aceitação pelos consumidores europeus, norte-americanos e canadenses.

Maracujá-doce

A comercialização do maracujá-doce, ao longo dos últimos anos, tem crescido de forma expressiva. Porém, fica clara a necessidade de serem desenvolvidos trabalhos que gerem dados referentes ao mercado dessa fruta, tais como sobre área plantada, produção e comercialização do maracujazeiro-doce no Brasil, pois somente assim é possível determinar um planejamento concreto sobre essa cultura. Ainda é necessário um forte trabalho de estimulação do consumo dessa fruta, suas formas de consumo, bem como o conhecimento de suas qualidades nutricionais.

Referências bibliográficas

AGRIANUAL 2004. Anuário da Agricultura Brasileira. São Paulo: FNP – Consultoria & Comércio, 2003.

BANDO, P. M. *Coordenação vertical no complexo agroindustrial frutícola brasileiro*: uma proposta para a zona da Mata Mineira. Viçosa: UFV, 1998. 120p. Tese de mestrado.

BRUCKNER, CH., PICANÇO, M. C. (Ed.) *Maracujá*: tecnologia de produção, pós-colheita, agroindústria, mercado. Porto Alegre: Cinco continentes, 472p, 2001.

CANSADO JÚNIOR, F. L., ESTANISLAU, M. L. L., PAIVA, B. M. de. Aspectos econômicos da cultura do maracujá. *Informe agropecuário*, v.21, n.206, p.76-80, 2000.

INSTITUTO DE ECONOMIA AGRÍCOLA. URL: http://www.iea.sp.gov.br. Consultado em 20.9.2002.

KAVATI, R. et al. Le maracuja doux. Um nouveau venu pormetteur. *Fruittrop*, v.43, p.21-2, 1998.

O MERCADO de maracujá. Belo Horizonte: FAEMG, 14p., 2000. (FAEMG/Infoagro. Série Fruticultura).

PROPOSTA de criação do fundo de amparo ao desenvolvimento do agronegócio brasileiro do maracujá. Fundo Passiflora. 2002.

REITER, J. M. W., HEITER, F. C. (Elab.) *Estudo de economia e mercado de produtos agrícolas*. Florianópolis: Instituto CEPA/SC. n.5, 71p., 1998.

RUGGIERO, C. et. al. *Maracujá para exportação*: Aspectos técnicos da produção. Brasília: Embrapa-SPI, 64p., 1996. (Frupex. Publicações Técnicas, 19).

SAABOR, A., LOPES, L. H. S., CUNHA, M. M. (Elab.). *Frutiséries: maracujá* (Minas gerais-4). Brasília : Ministério da Integração Nacional/ Secretaria da infra-estrutura hídrica/ Departamento de projetos especiais. 2000.

SATO, G. S. et al. Panorama da produção e mercado de Maracujá. *Informações Econômicas*, São Paulo, v.22, n.6, p.9-31, jun. 1992.

VASCONCELLOS, M.A. Maracujazeiro-doce: sistemas de produção. *Informe Agropecuário*, v.21, n.206, p.76-80, 2000.

VASCONCELLOS, M.A.S., CEREDA, E. O cultivo do maracujá-doce. In: SÃO JOSÉ, A. R. *Maracujá:* produção e mercado. Vitória da Conquista: DFZ/UESB, p.71-83, 1994.

2
Aspectos botânicos do maracujá-doce (*Passiflora alata* Dryand)

Terezinha de Fátima Fumis
Aloísio Costa Sampaio[1]

Introdução

O nome "maracujá" vem da designação indígena *Mara-Cuiá*, que significa "comida preparada em cuia", e retrata como nossos índios parecem ter visto os frutos dessas plantas. As outras denominações, *flor da Paixão* em português, *fleur de la Passion* em francês e *Passion flower* em inglês, designam as espécies do gênero *Passiflora* (palavra latina composta de *passio*, a paixão, e de *flos oris*, a flor). O nome popular de *flor da Paixão* é menos usual no Brasil e tem origem bastante mística, dada à semelhança da flor com os símbolos da Paixão de Jesus Cristo. Os colonos portugueses acreditavam ver nos segmentos das flores do maracujá os diversos objetos que serviram ao martírio de Jesus Cristo, daí a origem desse nome.

O maracujazeiro pertence à ordem Passiflorales e à família Passifloraceae, representada por 18 gêneros e 630 espécies (Cunha & Barbosa, 2002). No Brasil, a família é representada pelos gêneros *Passiflora* e *Dikea*, sendo que o primeiro é composto de 24 subgêneros e 465 espécies. Dessas espécies, mais de 150 são originárias do Brasil

1 Docentes do Departamento de Ciências Biológicas da Faculdade de Ciências da Unesp, *campus* de Bauru.

e aproximadamente 70 apresentam frutos comestíveis e de maior importância econômica (Cunha et al., 2002).

O gênero *Passiflora* possui três espécies importantes economicamente: *Passiflora edulis* Sims f. *flavicarpa* Degener (maracujá-amarelo ou maracujá-azedo), *Passiflora edulis* Sims (maracujá-roxo) e *Passiflora alata* Dryand (maracujá-doce).

O maracujá-doce (*Passiflora alata* Dryand) é também conhecido como maracujá-de-refresco, maracujá-do-grande, maracujá-alado, maracujá-guassu ou maracujá-de-comer. Essa espécie é provavelmente originária do Brasil, sendo que suas áreas de dispersão estão localizadas na Bahia, no Mato Grosso, em Minas Gerais, no Rio de Janeiro, em São Paulo, no Paraná, em Santa Catarina, em Goiás, no Amazonas, no Distrito Federal e no Pará. É também encontrada no Peru (Cunha et al., 2002).

Características da planta e do fruto

É uma planta trepadeira, glabra, vigorosa, que necessita de um suporte sobre o qual possa se desenvolver e frutificar. Apresenta o caule com secção quadrangular, com ângulos alados; a base é lenhosa e bastante lignificada, diminuindo o teor de lignina à medida que se aproxima o ápice da planta; as estípulas são lineares ou lineares-lanceoladas; e as folhas inteiras, amplamente ovadas ou ovado-oblongas, alcançam até 21,5 cm de comprimento e 10 cm de largura, com 2 a 4 glândulas no pecíolo. As flores são grandes, solitárias, pesadas, hermafroditas, destacando-se uma coluna chamada de androginóforo, pendentes, vistosas e odoríferas, com pétalas e sépalas oblongas, geralmente de coloração vermelho-romã e com os filamentos da corona com listras de coloração branca, púrpura e violeta (Figura1) (Cunha et al., 2002; Kavati & Piza Júnior, 2002).

Do caule ou do cordão principal saem brotações laterais, cujas folhas apresentam, na axila, gemas floríferas que, ao brotarem, darão origem aos frutos. Os frutos apresentam formato variável entre ovóides, obovais ou piriformes, amarelos ou laranja brilhantes quando maduros, comestíveis e adocicados, com polpa muito perfumada e ligeiramente ácida, com 8 a 11 cm de comprimento, 4 a 7 cm de largura, com peso variando de menos de 100 gramas a mais de 500 gramas, dos quais 10% a 25% são constituídos pela polpa. As sementes apresentam testa reticulada, com 6 mm de comprimento por 5,5 mm de largura, envoltas por um arilo doce e saboroso (Figura 2) (Cunha et al., 2002; Kavati & Piza Júnior, 2002).

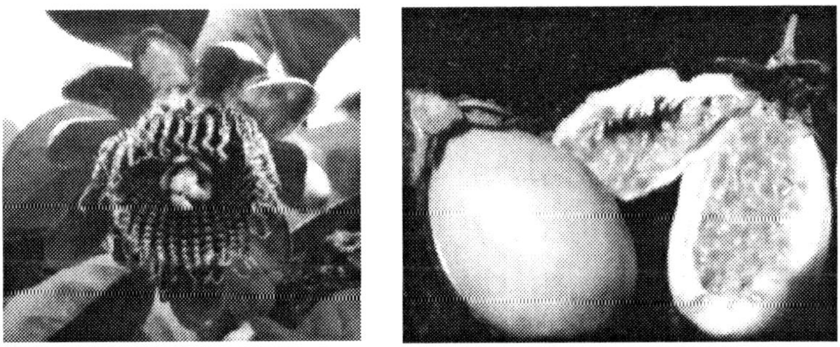

Figuras 1 e 2 Estrutura da flor e do fruto de maracujá-doce.

O florescimento ocorre de 20 a 32 dias após o aparecimento do botão floral, dependendo da temperatura média diária e, em bem menor grau, da radiação solar incidente. As flores permanecem abertas uma única vez, durante todo o dia, com abertura entre 4 e 5 horas, e fecham-se depois que o sol se põe, entre 18 e 19 horas. Elas demoram cerca de uma hora para completar a sua abertura e duas horas para a completa curvatura dos estiletes. Algumas plantas produzem flores cujos estiletes não se curvam totalmente e outras, em menor quantidade, cujos estiletes não apresentam nenhuma curvatura, dando origem a três tipos de flores, de acordo com a curvatura dos estiletes: totalmente curva (TC), parcialmente curva (PC) e sem curvatura (SC), o que determina diretamente a produtividade da planta. Em algumas plantas, a ocorrência das flores SC é muito alta. As flores TC são as mais adequadas para facilitar a polinização cruzada e ocorrem, em média, em maiores porcentagens. A presença de flores PC e SC dificultam ou mesmo impedem a fecundação da flor; apesar de o pólen produzido ser normalmente fértil, as plantas que apresentam um desses dois tipos de flores não devem ser propagadas.

O maracujazeiro-doce parece ter uma exigência quanto ao fotoperíodo diferente do maracujazeiro-amarelo (este requer fotoperíodo longo para florescer), pois plantas daquela espécie, mesmo no período de inverno nos estados de São Paulo e do Paraná, apresentam maior quantidade de flores do que as do maracujazeiro-amarelo. A redução ao mínimo de flores nessa situação também existe, porém em menor magnitude do que a observada para o maracujazeiro-amarelo (Vasconcellos & Duarte Filho, 2000). O período que vai do florescimento à maturação dos frutos varia de 70 a 100 dias, dependendo da região e da época do ano ou, mais precisamente, da temperatura média e da radiação solar. Em condições de clima ameno, a planta produz o ano todo, com picos nos meses de janeiro/fevereiro e março/abril.

Segundo Kavati & Piza Júnior (2002), os poucos estudos existentes sobre compatibilidade das flores do maracujá-doce indicam que algumas plantas são auto-incompatíveis, isto é, o pólen produzido numa determinada flor não pode fecundá-la e nem fecundar as demais flores produzidas na mesma planta. Eles mostram também que existem diferentes graus de incompatibilidade entre plantas diferentes. Esses fatos devem ser levados em consideração por ocasião da instalação da cultura, pois confirmam que se deve evitar o plantio de lavouras formadas apenas com mudas-irmãs, como ocorre quando se faz estaquia de poucas matrizes ou se tiram sementes de frutos produzidos por pequeno número de plantas.

O maracujá-doce geralmente não é utilizado para o preparo de suco, mas consumido ao natural, cortando-o ao meio e ingerindo-se as sementes e a polpa que as envolve, a qual apresenta de 15 a 25° Brix e um pH da ordem de 3, com sabor agridoce delicado e aroma agradável. Os frutos apresentam elevado valor nutritivo, boas qualidades gustativas, tamanho e aparência externa de grande aceitação, mostrando ser uma opção apropriada para ocupar não somente o mercado interno, como também o mercado externo de frutos *in natura*.

As folhas do maracujá-doce são sedativas, hipnóticas, usadas nas excitações nervosas, histerismo, neurastenia. É útil nas perturbações da menopausa, provoca sono natural, sem causar depressão nervosa. Possui propriedade anti-helmíntica. O principal constituinte químico é a passiflorina, encontrada na proporção de 0,048% nas folhas. Como planta ornamental, pode ser utilizada na formação de caramanchões, sebes e tapumes (Cunha et al., 2002).

Referências bibliográficas

CUNHA, M.A.P., BARBOSA, L.C. Aspectos botânicos. In: LIMA, A.A., *Maracujá produção:* aspectos técnicos. Cruz das Almas: Embrapa Mandioca e Fruticultura, p.11-4, 2002.

CUNHA, M.A.P., BARBOSA, L.C., JUNQUEIRA, N.T.V. Espécies de maracujazeiro. In: LIMA, A.A., *Maracujá produção*: aspectos técnicos. Cruz das Almas: Embrapa Mandioca e Fruticultura, p.15-28, 2002.

KAVATI, R., PIZA JÚNIOR, C.T. Cultura do maracujá doce. *Bol. Téc. CATI*, Campinas, n°. 244, 2002. 46p.

VASCONCELLOS, M.A.S., DUARTE FILHO, J. Ecofisiologia do maracujazeiro. *Informe Agropecuário*, v.3, n.25, p.25-8, 1977.

3
Biologia floral e florescimento

Elisangela Clarete Camili[1]

O maracujá-doce (*Passiflora alata* Dryand) apresenta bom potencial econômico para ser explorado no mercado de frutos *in natura*. Contudo, poucos trabalhos científicos vêm sendo desenvolvidos sobre a cultura, tornando-se um entrave à expansão do conhecimento sobre o cultivo desta fruteira.

A flor do maracujazeiro é completa, destacando-se uma coluna chamada androginóforo bem desenvolvida. Nesta coluna, encontram-se a parte masculina, o androceu, formado por cinco estames com anteras grandes e grãos-de-pólen amarelos e pesados, e a parte feminina, o gineceu, composto de um ovário tricarpelar, unilocular e multiovulado, com o estigma tripartido (Cunha, 1999; Vasconcellos, 1991).

Do caule ou do cordão principal saem brotações laterais, cujas folhas apresentam, na axila, gemas floríferas que, ao brotarem, darão origem aos frutos (Kavati & Piza Júnior, 2002). As flores formadas nas axilas das folhas (entre 1 a 3 gemas) (Figura 1) são grandes e aromáticas, pesadas, pendentes, vistosas, apresentando, segundo Rossini (1977), um diâmetro (distância entre duas pétalas) de 10 a 12 cm; de 10 a 11 cm e de 8 a 12,7 cm, respectivamente, e uma distância de 1 a 2 cm entre

1 Engenheira Agrônoma, mestre em Horticultura na Faculdade de Ciências Agronômicas da Unesp, *campus* de Botucatu.

a antera e a corola. Sua coloração é vermelho-romã e os filamentos da corona são de coloração branca, purpúrea e violeta (Figura 2) (Rossini, 1977; Kavati & Piza Júnior, 2002).

Figura 1 Botão floral com cerca de 2 cm de diâmetro, inserido na axila da folha.

Figura 2 Flor de maracujá-doce (*Passiflora alata* Dryand).

O conhecimento mais detalhado sobre a biologia floral e o florescimento de qualquer espécie de Passifloraceae é fundamental para a boa produtividade e, conseqüentemente, melhor rentabilidade. Se aqueles processos não forem bem compreendidos e manejados, a produção pode sofrer significativa redução (Vasconcellos, 2000).

As espécies do gênero *Passiflora* apresentam diferenças quanto à biologia floral e ao florescimento, uma vez que estas características sofrem grande influência das condições climáticas do local de cultivo (Vasconcellos, 1991).

As flores do maracujazeiro apresentam diferenças na curvatura do estilete em relação ao eixo das anteras (ver capítulo 2). As flores

SC são estéreis e, mesmo quando polinizadas por flores TC e PC, não frutificam, embora o grão-de-pólen seja funcional quando colocado em uma flor diferente. As flores TC e PC não apresentam diferenças na frutificação (Ruggiero 1973; Cunha, 1999).

De acordo com Vasconcellos (1991), a ocorrência dos três tipos de flores em maracujá-doce foi observada em experimento conduzido na região de Botucatu (São Paulo), nas seguintes proporções: Flor TC, em 62,93%; Flor PC, em 29,72%; e Flor SC, em 7,35%.

Vasconcellos (1991), estudando a biologia floral do maracujazeiro-doce, verificou que o tempo decorrido entre o aparecimento do botão floral e a abertura da flor variou de 17 a 32 dias, sendo esses valores alta e inversamente correlacionados (r = -0,8984) com os valores de temperatura média nos períodos avaliados (17,56°C a 24,63°C). O mesmo foi relatado por Kavati & Piza Júnior (2002), que relacionaram o intervalo entre o aparecimento do botão floral e o florescimento à temperatura média diária e, em bem menor grau, à radiação solar incidente.

Segundo Vasconcellos (1991), a antese das flores ocorreu por volta das 4 horas, e o fechamento, por volta das 20h do mesmo dia, não mais se abrindo, polinizadas ou não. O mesmo autor relata que o tempo necessário para que a flor completasse sua total curvatura (Flor TC) variou de 91 a 144 minutos (média de 117 minutos) e o tempo da polinização à colheita dos frutos variou de 71 a 96 dias, devido principalmente à influência da temperatura média nos períodos avaliados (r = -0,9050). Rossini (1977) reporta que o maracujá-doce nas condições de Jaboticabal (São Paulo) apresentou um período de tempo entre a polinização e a colheita de 70 a 80 dias.

O período compreendido entre a polinização e a colheita dos frutos é muito variável em função das condições do local de cultivo. Em cultivos comerciais, um dos fatores que mais afetam o florescimento é o teor de umidade do solo, já que durante os veranicos observa-se menor florescimento e maior queda de botões florais e de frutos.

Ao contrário do maracujá-azedo (*Passiflora edulis* f. *flavicarpa*), que floresce durante, aproximadamente, nove meses do ano, o maracujá-doce, em condições de clima ameno, floresce durante o ano todo;

porém o pico de produção depende da região de cultivo. Temperaturas elevadas, como as encontradas no litoral e na região oeste do estado de São Paulo, são prejudiciais à produção por impedir o desenvolvimento do botão floral nos meses de verão. Rossini (1977) constatou que em Jaboticabal, o maracujá-doce floresce durante todo o ano, com um pico em janeiro/fevereiro, diminuindo acentuadamente de maio a agosto, para voltar a aumentar a partir de setembro.

Em regiões de inverno mais acentuado, como Mogi das Cruzes (São Paulo) e Apucarana (Paraná), também ocorre florescimento do maracujazeiro-doce durante todo o ano; porém, nesses locais, observa-se um pico maior de produção em dezembro/janeiro e outro um pouco menor em março/abril.

Os poucos estudos existentes sobre compatibilidade das flores do maracujá-doce indicam que algumas plantas são auto-incompatíveis. Vasconcellos (1991) observou que tanto as flores como os botões florais autopolinizados artificialmente não apresentaram frutificação, além de não constatar autopolinização natural nas flores. Diferentes flores de uma mesma planta, quando polinizadas entre si, também não apresentaram frutificação, caracterizando a planta como auto-incompatível. Os cruzamentos entre os diferentes tipos de flores (TC, PC e SC) de plantas distintas mostraram que os três tipos florais fornecem grãos-de-pólen viáveis e que as flores TC e PC apresentaram 73,47% e 44,19% de frutificação, respectivamente. As flores SC não frutificam. Os cruzamentos entre flores (receptoras de grãos-de-pólen) e botões florais (fornecedores de grãos-de-pólen) e entre botões florais (receptores de grãos-de-pólen) e flores (fornecedoras de grãos-de-pólen) de plantas diferentes apresentaram 35,90% e 58,14% de frutificação, respectivamente, suspeitando-se não ocorrer o fenômeno de protandria nessa espécie de Passifloraceae. Dados de cruzamentos recíprocos evidenciam a ocorrência de graus de incompatibilidade entre plantas.

Esses fatos devem ser levados em consideração por ocasião da instalação da cultura, pois confirmam que se deve evitar a formação de pomares apenas com mudas-irmãs, como ocorre quando se faz estaquia de poucas matrizes ou se tiram sementes de frutos produzidos por pequeno número de plantas. Assim sendo, para obter alta produtividade, o produtor deve fazer interplantio de diferentes cultivares ou genótipos. Em caso de plantios por estaquia, que já vem sendo feito com maracujá-doce, o produtor deve plantar no mínimo três cultivares ou tipos diferentes.

O período para uma possível polinização é relativamente curto: a flor abre e fecha em um único dia, caindo caso não ocorra a polinização em um prazo de cinco dias (Cunha, 1999).

A presença de insetos polinizadores é de suma importância para a frutificação. O grão-de-pólen do maracujazeiro é muito pouco disperso pelo vento e, portanto, a polinização por esse agente é pouco significativa. Por isso pode-se afirmar que o sucesso do cultivo do maracujá depende quase exclusivamente da presença de insetos no campo. Entre os insetos que visitam as flores do maracujá, a mamangava (*Xylocopa* spp) é o mais importante agente polinizador. Por ser de grande porte, ao visitar a flor do maracujazeiro, encosta seu dorso nos estames onde estão os grãos-de-pólen, fazendo a retirada deles e levando-os para o estigma, com o qual efetuam a polinização (Lima & Cunha, 1999).

Dessa forma, deve-se proporcionar condições locais adequadas para estimular a multiplicação desses insetos e colocar atrativos nas proximidades da cultura para aumentar a visita deles, como, por exemplo, utilizar madeiras moles ou tocos de árvores nos quais habitualmente fazem seus ninhos. Se forem utilizados produtos químicos no controle de pragas e doenças, deverão ser aplicados no momento em que as flores estiverem fechadas, para não comprometer os agentes polinizadores naturais. No caso do cultivo do maracujá -doce, as pulverizações devem ser feitas à noite, pois as flores permanecem abertas durante todo o dia (das 4h às 20h). Para outras espécies de maracujá deve-se observar os picos de abertura das flores para decidir o período de realização dos tratos culturais e o momento da polinização manual (artificial), se necessária.

Varassin et al. (2001) observaram que o forte odor adocicado produzido pelas "franjas" das flores do *Passiflora alata* foi notado só 30 minutos a uma hora após a abertura delas, e que a visita das abelhas às flores ocorreu uma hora após a antese, ou seja, após o início da emissão do perfume, sendo visitadas até uma hora antes do definhamento, quando as "franjas" evitaram o acesso à câmara nectarífera.

Diversos outros insetos também são atraídos pelas flores do maracujazeiro, que delas extraem o néctar, o grão-de-pólen e outras estruturas florais que servem como alimento. A maior parte destes outros visitantes pode ser vistos como insetos danosos, já que provocam danos diretos ou indiretos à polinização. O exemplo mais conhecido é o caso das abelhas melíferas, que visitam as flores para extrair o néctar e, ocasionalmente, o grão-de-pólen. Dado ao tamanho de seu corpo, o movimento para obtenção do néctar é pouco eficiente para a coleta e transferência dos grãos-de-pólen. Além disso, sua visita a uma flor torna-a sem atrativo para as mamangavas, impedindo que seja polinizada. Danos maiores são causados por essas abelhas, que se encarregam de coletar e transportar os grãos-de-pólen para a sua colônia. Em regiões onde a população desses insetos é alta ou dada à deficiência de alimentos naturais, as abelhas podem provocar danos severos em culturas de maracujazeiro, já que podem, ocasionalmente, retirar todo o grão-de-pólen das anteras, antes mesmo da abertura completa das flores neste dia, inviabilizando completamente a frutificação (Kavati, 1998).

Para tanto, a polinização artificial é recomendada quando a população de mamangavas não for suficiente para realizar a polinização natural. Um modo prático de avaliar a necessidade de polinização artificial ou o aumento da população de mamangavas é contar o número de flores caídas: sabe-se que a flor do maracujá, após seu dia de abertura, fecha e cai, caso não seja fecundada. A queda acentuada de flores aponta a necessidade de incremento da polinização (Lima & Cunha, 1999). Outra forma de avaliação é feita a partir da seguinte técnica: 1) marca-se três flores abertas por planta, em dia de sol, perfazendo um total de 100 flores marcadas (34 plantas) por cada dois a três hectares; 2) conta-se o número de frutos (do tamanho de uma azeitona) depois de quatro dias. Se o resultado estiver entre 40 a 50 frutos nas flores marcadas, então o número de mamangavas é adequado; se o resultado for menor de 30 frutos, o número de insetos é insuficiente para uma boa polinização (Lima & Cunha, 1999).

A polinização artificial é efetuada pelo homem com ou sem o auxílio de dedeiras de flanela, com as quais se transfere os grãos-de-pólen de uma planta para outra. São necessárias de duas a três pessoas para polinizar manualmente um hectare de pomar (Lima & Cunha, 1999). É importante ressaltar que a polinização manual somente deve ser efetuada quando as flores estiverem com os estiletes total ou parcialmente curvados, visto que, após esse estágio, a superfície estigmática está numa posição apropriada para a polinização apenas pelos insetos e também há aumento na sua viscosidade, intensificando a retenção do grão-de-pólen (Ruggiero, 1987).

Definido o horário ideal para se fazer a polinização manual, o produtor deve tocar os dedos nas anteras até que fique impregnado com grãos-de-pólen e tocar levemente nos três estigmas de outra flor (Figuras 3 e 4). Em seguida, nesta mesma flor, o produtor deve tocar novamente as anteras para retirar mais grãos-de-pólen, evitando que estes grãos-de-pólen retirados toque no estigma da flor que lhes produziu. Para facilitar a polinização artificial, deve-se plantar numa mesma fileira, pelo menos quatro genótipos ou cultivares diferentes, a fim de diversificar os grãos-de-pólen, uma vez que existe auto-incompatibilidade.

Figuras 3 e 4 Polinização artificial (sem a utilização de dedeiras): retirada dos grãos-de-pólen das anteras e colocação nos estigmas.

Referências bibliográficas

CUNHA, M. A. P. Flor, fruto e semente. In: LIMA, A. A. *O cultivo do maracujá*. Cruz das Almas: Embrapa Mandioca e Fruticultura, 1999. p.26-31. (Embrapa Mandioca e Fruticultura, 35).

KAVATI, R., PIZA JÚNIOR, C. T. *A cultura do maracujá doce*. 1. ed. Campinas: CATI, 2002. 46p. (Boletim Técnico, 244).

KAVATI, R. Florescimento e frutificação do maracujá-amarelo (*Passiflora edulis* f. *flavicarpa*) In: SIMPÓSIO BRASILEIRO SOBRE A CULTURA DO MARACUJAZEIRO, Jaboticabal: Funep, 1998. p.107-29.

LIMA, A. A., CUNHA, M. A. P. Polinização. In: LIMA, A. A. *O cultivo do maracujá*. Cruz das Almas: Embrapa Mandioca e Fruticultura, 1999. p.44-6. (Embrapa Mandioca e Fruticultura, 35).

ROSSINI, A. C. *Características botânicas e agronômicas de plantas de Passiflora alata* Ait *(maracujá-guaçu) cultivados em Jaboticabal*. 1977. 46p. (Trabalho de Graduação) – Faculdade de Medicina Veterinária e Agronomia/Unesp

RUGGIERO, C. *Estudos da floração e polinização do maracujá amarelo* (*Passiflora edulis* f. *flavicarpa* Deg.), 1973. 92p. Tese (Doutorado em Ciências) – Faculdade de Medicina Veterinária e Agronomia, Universidade Estadual Paulista.

RUGGIERO, C. Alguns fatores que podem influir na frutificação. In: RUGGIERO, C. (Ed.) *Cultura do maracujazeiro*. Ribeirão Preto: Editora Legis Summa, 1987. p.76-85.

VARASSIM, I. G., TRIGO, J.R., SAZIMA, M. The role of nectar production, flower pigments and odour in the pollination of four species of *Passiflora* (Passifloraceae) in South-Eastern Brazil. *Botanical Journal of the Linnean Society*, v.136, p.139-52, 2001.

VASCONCELLOS, M.A.S. *Biologia floral do maracujazeiro doce* (*Passiflora alata* Dryand) *nas condições de Botucatu/SP*. 1991, 99f. Dissertação (Mestrado em Agronomia) – Faculdade de Ciências Agronômicas, Universidade Estadual Paulista, Botucatu, 1991.

VASCONCELLOS, M.A.S. Maracujá doce: sistema de produção, *Informe Agropecuário*, Belo Horizonte, v.21, n.206, p.76-80, set./out. 2000.

4
PROPAGAÇÃO

Sílvio César Pantano[1]

Introdução

No Brasil, a cultura do maracujá encontra-se dispersa por inúmeros estados produtores. No entanto, tem ocorrido o plantio em maior escala em regiões em que não existem problemas de baixas temperaturas e nem diferenças acentuadas no fotoperíodo durante o ano. Existe ainda uma nova situação: problemas de viroses, que têm levado à alteração freqüente na participação dos estados na produção da fruta, em função da busca por regiões com menor ocorrência de doenças.

Essas viroses têm sido bastante limitantes. Para se ter uma idéia, na região de Vera Cruz (São Paulo), que já foi a principal produtora de fruta do estado, era possível atingir produtividade superior a 40 t/ha; atualmente, produz-se em torno de 8 a 10 t/ha. Isso mostra que medidas para contornar o problema devem ser trabalhadas.

Aliado ao problema de ordem fitossanitária que a cultura vem atravessando, existe atualmente uma forte pressão por parte do mercado consumidor por frutos de melhor qualidade, no que se refere

1 Engenheiro agrônomo, doutorando em Horticultura na Faculdade de Ciências Agronômicas da Unesp, *campus* de Botucatu.

ao formato, ao tamanho, ao rendimento de polpa, à porcentagem de açúcar, à acidez, à coloração e à qualidade pós-colheita.

Os problemas com viroses e com a qualidade dos frutos podem ser resolvidos ou pelo menos contornados por meio da utilização de plantas que geneticamente apresentam maior tolerância às viroses e boa qualidade de frutos. No entanto, esse procedimento de nada adianta se, durante o processo de propagação das plantas, não se atentar que é indispensável a adoção de método de propagação que permita a manutenção das características desejáveis em uma planta de maracujazeiro.

Maneiras de propagação do maracujazeiro

O maracujazeiro, segundo Manica (1981), pode ser propagado por meio de sementes (propagação gâmica, sexuada ou reprodutiva) e também por estaquia, mergulhia ou enxertia (respectivamente, propagação assexuada, agâmica ou vegetativa).

Propagação por sementes

A multiplicação por sementes é a maneira mais usual para o estabelecimento de plantações comerciais de maracujá, embora se saiba que esse método de propagação resulta em grande variabilidade genética na descendência (Medina et al., 1980, e Meletti, 2000).

Segundo Medina et al. (1980) e Manica (1981), um cuidado que se deve tomar é quanto à procedência das sementes. É muito importante que a aquisição das mesmas seja feita de empresas fornecedoras, que apresentem idoneidade quanto à qualidade genética do material. Nos casos em que os próprios produtores desejam produzir as suas sementes, alguns cuidados deverão ser considerados durante a coleta dos frutos, tais como:

- os frutos devem ter tamanho, cor, rendimento de polpa e porcentagem de açúcar compatíveis com as exigências do mercado;
- as plantas devem ser produtivas, de bom aspecto sanitário e de preferência de histórico conhecido;

- de acordo com Ruggiero et al. (1996), é muito importante que no momento da seleção dos frutos, se faça a coleta de vários frutos e em plantas diferentes, com o objetivo de minimizar os problemas de auto-incompatibilidade.

Figura 1 Sementes de maracujá-doce.

A semeadura pode ser feita em saquinhos plásticos (polietileno) de 30 cm de comprimento por 9 cm de diâmetro e furados embaixo, colocando de 3 a 4 sementes por recipiente (Steinberg, 1988). Ruggiero et al. (1996) ressaltam que saquinhos com um volume menor que 0,8 a 1,2 litros, podem comprometer o desenvolvimento do sistema radicular das plantas. Pode-se também utilizar outros recipientes, como bandeja de poliestireno expandido ou de isopor (Figura 2), tubetes, caixas de madeira ou ainda semeadura em canteiros.

Figura 2 Mudas de maracujá-doce produzidas em bandeja de isopor.

No entanto, em alguns casos, pode realizar-se a integração entre as formas de semeadura e o desenvolvimento das mudas. Por exemplo, é possível realizar a semeadura em canteiros, bandejas ou caixas de madeira e, posteriormente, transplantar as mudas para o saquinho ou o tubete. No entanto, cabe lembrar que o sistema mais recomendado é aquele que fornece uma boa condição para o desenvolvimento das plantas e que garanta a maior sanidade possível.

De acordo com Manica (1981), nos estados de São Paulo e de Minas Gerais, aconselha-se realizar a semeadura no final de agosto ou início de setembro, e para o plantio no campo, no início das chuvas, entre outubro e novembro. Quanto ao substrato, Ruggiero et al. (1996) recomendam que se utilize a mistura de uma parte de terra de barranco para cada duas partes de esterco de curral bem curtido e uma de material volumoso curtido (bagaço de cana, palha de café, acícula de pinho, serrapilheira). Cada metro cúbico de substrato deve receber dois quilos de calcário dolomítico e um quilo de superfosfato simples.

Propagação por enxertia

Em muitas regiões, o cultivo está se tornando inviável por muitos fatores, dentre eles as doenças que afetam o sistema radicular (como a fusariose), as podridões de tronco e a morte prematura das plantas.

Para tentar solucionar esse problema e também formar mudas de potencial produtivo, pode-se lançar mão da técnica da enxertia, utilizando espécies do gênero *Passiflora* como porta-enxerto e material de plantas mais produtivas como cavaleiro.

Quanto aos tipos de enxertia recomendados, existem relatos que os tipos borbulhia em "T" invertido e garfagem, tanto "inglês simples" como "fenda cheia", têm apresentado bons resultados, alcançando por volta de 90% de brotação, se realizados no início da estação primaveril.

Graça (1996) testou várias combinações para enxertar maracujá-amarelo com e sem micorrização. Os porta-enxertos utilizados foram o próprio maracujá-amarelo, *Passiflora giberti, Passiflora alata e Passiflora* sp. O autor concluiu que a enxertia não aumenta a produção e só recomenda a técnica para regiões onde existem problemas com fungos de solo.

Propagação por estaquia

A estaquia é um método de propagação atualmente utilizado para propagar o maracujá-doce *Passiflora alata* Ait, com o objetivo de uniformizar a produção quanto ao formato e ao tamanho das frutas (Ruggiero et al. 1996).

Cereda et al. (1996) verificaram que plantas originadas de estacas ou de sementes tiveram o mesmo desempenho produtivo e praticamente não observaram diferença de precocidade entre as plantas nos diferentes métodos de propagação.

As estacas devem ser coletadas de ramos que produziram e que tenham folhas. Quanto à necessidade de utilizar fitorreguladores para auxiliar o enraizamento, existe bastante controvérsia na literatura. Em geral, o recomendado tem sido em torno de 500 mg/l de IBA, com as estacas conduzidas em câmara de nebulização. Meletti & Nagai (1992) verificaram não haver necessidade de aplicação de reguladores vegetais para se obter o enraizamento, desde que sejam mantidas as folhas ou parte delas nas estacas para os maracujazeiros amarelo e doce.

Outros autores afirmam que, ao se optar pela propagação por estacas, essas devem ser retiradas da porção mediana ou apical dos ramos, conter três ou quatro gemas e ter diâmetro entre 7 e 8 mm. No seu preparo, faz-se um corte transversal próximo à gema inferior e outro corte em bisel no seu ápice (Meletti & Nagai, 1992, citados por Castro & Kluge, 1998).

A época de coleta de estacas e de melhor enraizamento corresponde ao período em que a planta está em crescimento ativo e sem produção de frutos. Já o substrato mais indicado vai desde o comercial à areia lavada, sendo esse último o mais utilizado e recomendado.

É muito importante ressaltar que a utilização da estaquia como método de propagação do maracujazeiro deve atentar para o problema da auto-incompatibilidade. Lima et al. (1999) afirmam que para reduzir esse problema é necessário proceder a retirada de estacas de várias plantas e nunca realizá-la de algumas plantas apenas.

Considerações finais

A propagação sexuada é uma ferramenta que ainda tem muito o que contribuir para o melhoramento das plantas, principalmente por ser uma via de incorporação de genes de interesse agronômico, e continuará sendo a principal forma de propagação do maracujazeiro, pela sua facilidade de realização. No entanto, deve-se tomar cuidados durante a seleção das plantas matrizes e dos frutos para a retirada das sementes. Um avanço importante no sistema de produção de mudas seria a obrigatoriedade de realizar a semeadura em estufas teladas com antecâmara, a fim de reduzir a disseminação de viroses incidentes na cultura no maracujazeiro.

A propagação vegetativa poderá no futuro contribuir, de forma marcante, para o desenvolvimento da cultura, desde que espécies resistentes a doenças sejam mais bem identificadas e avaliadas quanto à influência exercida sobre a copa no caso de mudas enxertadas.

Referências bibliográficas

CASTRO, P. R., KLUGE, R. A. *Ecofisiologia de fruteiras tropicais*. São Paulo: Nobel, p.32-47, 1998.

CEREDA, E. et al. Competição dos maracujazeiros *Passiflora edulis* f. flavicarpa e *Passiflora alata* através de sementes e estacas. In: CONGRESSO BRASILEIRO DE FRUTICULTURA 14. Londrina: Iapar, 1996.

GRAÇA, J. Utilização de porta-enxertos do gênero *Passiflora* para maracujazeiro. In: *Anais*... Londrina: Iapar, 1996.

LIMA, A. A. *Maracujá*. Embrapa, 107p, 1999 (Coleção Plantar).

MANICA, I. *Fruticultura tropical*: maracujá. São Paulo: Ceres, p.39-47, 1981.

MEDINA, J. C. et al. *Maracujá*: da cultura ao processamento e comercialização. Ital, p.35-41, 1980.

MELETTI, L. M. M. *Propagação de frutíferas tropicais*. Guaíba: Agropecuária, p.189-205, 2000.

MELETTI, L. M. M., NAGAI, V. Enraizamento de estacas de sete espécies de maracujazeiro (*Passiflora* spp). *Revista Brasileira de Fruticultura*, v.14, n.2, p.163-8, 1992.

RUGGIERO, C. et al. Maracujá para exportação: aspectos da exportação. *Frupex*. Embrapa, 1996, p.29-32.

STEINBERG, E. *Maracujá*: guia prático para um manejo equilibrado. São Paulo: Nobel, 1988, p.18-49.

5
TRATOS CULTURAIS

Erval Rafael Damatto Junior[1]
Sarita Leonel[2]

Os tratos culturais são todas as operações realizadas no pomar desde o plantio até a colheita dos frutos. Essas operações compreendem: limpeza do solo; desbaste das brotações; tutoragem de plantas; podas de formação; produção e limpeza; adubações; controle de pragas, doenças e ervas daninhas; retirada de restos florais; uso de cobertura morta; polinização artificial e irrigação.

Alguns tratos culturais já foram discutidos em capítulos anteriores e outros serão discutidos nos próximos capítulos. A seguir serão discutidos tratos culturais, como a retirada de restos florais, controle de plantas daninhas, uso de cobertura vegetal e tratamentos fitossanitários.

Retirada de restos florais

A toalete dos frutos, ou seja, a retirada dos restos florais, é de extrema importância quando se pretende obter frutos de alta qua-

1 Engenheiro agrônomo, mestre em Energia na Agricultura na Faculdade de Ciências Agronômicas da Unesp, *campus* de Botucatu.

2 Engenheira agrônoma, professora do Departamento de Produção Vegetal – Horticultura da Faculdade de Ciências Agronômicas da Unesp, *campus* de Botucatu.

lidade externa (Vasconcellos & Cereda, 1994). O principal objetivo deste trato cultural é evitar o aparecimento de manchas e danos nos frutos decorrentes da seca e morte dos restos florais (Figura 1), conseguindo-se assim obter frutos sadios e uniformemente coloridos (Figura 2), além de reduzir o ataque de pragas, como ácaros e tripes, que costumam se abrigar em seu interior.

O procedimento consiste na retirada manual dos restos florais vinte dias após o desenvolvimento dos frutos, cerca de três semanas após a abertura das flores. Deve ser realizada pela manhã, sem o uso de tesouras ou de qualquer material que possa danificar os frutos; o mais recomendado é a retirada manual dos restos florais.

Figura 1 Fruto com restos florais (observa-se manchas na casca do fruto).

Figura 2 Fruto sem restos florais (coloração uniforme).
Foto Damatto Júnior, E.R.

Controle de plantas daninhas

Para evitar a competição por água e nutrientes do solo é necessário realizar um adequado controle das plantas daninhas. Essa prática também pode contribuir para a redução da presença de pragas que se utilizam das plantas como abrigo.

O controle pode ser feito com o uso de herbicidas tanto de pós como de pré-emergência, porém evitando o contato do produto com a planta do maracujazeiro. O uso de herbicidas pode ser realizado em área total ou apenas nas linhas de plantio, sendo que nas entrelinhas realiza-se controle mecânico.

Alguns herbicidas utilizados na cultura do maracujazeiro que apresentam bons resultados são o diuron, bromacil e DCPA, que permanecem na camada superficial do solo, sem atingir um grande volume de raízes e, conseqüentemente, com pequena absorção e translocação pela planta (Durigan, 1987).

Também podem ser realizadas capinas manuais ou usar roçadeiras nas entrelinhas, tomando-se cuidado para não causar ferimentos no sistema radicular, que é bastante superficial. Por isso é recomendável fazer um arranquio manual de ervas daninhas num raio de 50 centímetros ao redor das plantas (coroamento). O uso de grade ou enxada rotativa deve ser evitado, pois pode danificar o sistema radicular, favorecendo o ataque de agentes causadores das podridões radiculares.

Uso de cobertura vegetal

A proteção da superfície do terreno com coberturas mortas é bastante benéfica no combate à erosão causada pelas enxurradas, pois evita grandes oscilações de temperatura no solo, além de servir como fonte de matéria orgânica, beneficiando desta forma as plantas do maracujazeiro. Essa prática consiste em cobrir o solo com uma camada de capim seco, palha de arroz, restos de culturas e, até mesmo, semeando-se plantas que sirvam como adubos verdes, desde que não estabeleçam competição com o maracujazeiro.

Tratamentos fitossanitários

Um trato cultural bastante importante, para o qual muitas vezes não é dada a devida atenção, é o tratamento fitossanitário das plantas, uma vez que grande parte dos insetos que estão presentes num maracujazal são benéficos, como é o caso dos insetos polinizadores (abelhas). Para isso é muito importante o horário de aplicação dos defensivos, evitando-se os horários em que haja insetos polinizadores nas flores.

Outro problema está ligado ao fato de que os frutos do maracujazeiro não são colhidos todos de uma só vez. Assim, deve-se atentar ao período de carência dos produtos aplicados, evitando problemas de intoxicação ao consumidor.

Deve ser feita uma criteriosa escolha dos equipamentos utilizados para as pulverizações, visando assegurar uma perfeita proteção da planta sem ocasionar danos aos seus tecidos. Diversos equipamentos podem ser empregados com essa finalidade, tais como: pulverizador costal, conjunto motobomba estacionária, pulverizador costal motorizado, pulverizador tratorizado com mangueira, além do turbo atomizador.

Referências bibliográficas

DURIGAN, J.C. Controle de plantas daninhas. In: RUGGIERO, C. (Ed.) *Cultura do maracujazeiro*. Ribeirão Preto: Legis Summa Ltda., p.67-75, 1987.

KAVATI, R., PIZA JÚNIOR, C. de T. *A Cultura do Maracujá Doce*. Campinas: CATI, 46p., 2002. (Boletim Técnico, 244).

MEDINA, J. C. et al. *Maracujá*: da cultura ao processamento e comercialização: Ital, p.53-6, 1980.

RUGGIERO, C. et al. *Maracujá para exportação*: aspectos da exportação. Frupex. Embrapa, p.38-43, 1996.

VASCONCELLOS, M.A. da S. Maracujá doce: sistema de produção. *Informe Agropecuário*, Belo Horizonte, v.21, n.206, p.76-80, 2000.

VASCONCELLOS, M.A. da S., CEREDA, C. Cultivo do maracujá doce. In: SÃO JOSÉ, A.R. (Ed.). *Maracujá*: produção e mercado. Vitória da Conquista: UESB-DFZ, p.71-83, 1974.

6
Condução e poda

Erval Rafael Damatto Junior[1]

Os sistemas de condução e as podas para o maracujazeiro-doce (*Passiflora alata* Dryand) são basicamente os mesmos empregados para o maracujazeiro-azedo (*Passiflora edulis* Sims f. *flavicarpa* Deg), sendo que grande parte das informações deste texto referem-se à cultura do maracujá-azedo, dado a sua expressão econômica e a pouca pesquisa com relação ao maracujá-doce. Porém, atualmente, o maracujá-doce vem conquistando uma grande fatia do mercado, principalmente nas camadas de consumidores de maior poder aquisitivo.

Sistemas de condução

O maracujá é uma trepadeira originária da América tropical, que pode atingir de 5 a 10 m de comprimento e que, portanto, necessita de suporte para proporcionar uma boa distribuição dos ramos e garantir maior produção de frutos. Os sistemas de condução mais utilizados para o maracujazeiro-doce são a espaldeira vertical, a espaldeira em T, a espaldeira em cruz e a latada ou caramanchão.

---

1 Engenheiro agrônomo, mestre em Energia na Agricultura na Faculdade de Ciências Agronômicas da Unesp, *campus* de Botucatu

Para o maracujá-doce, o sistema de condução mais utilizado pelos produtores no estado de São Paulo é a latada, no qual o espaçamento entre plantas varia de 3 a 5 m e entre linhas de 4 a 5 m, o que aumenta o custo de produção (Vasconcellos et al., 1994).

No estado de São Paulo, a espaldeira vertical ou cerca é um dos sistemas mais utilizados para o cultivo do maracujá-azedo, mas também pode ser empregado para o cultivo do maracujá-doce. Consiste numa cerca formada por postes (mourões ou estacas) com 2,5 m de comprimento, enterrados 50 a 60 cm e espaçados de 4 a 6 m, com 1, 2 ou 3 fios de arame liso nº 12, sendo que o superior deve ficar a 2 metros de altura do solo e os outros espaçados com 40 cm entre si (Figura 1).

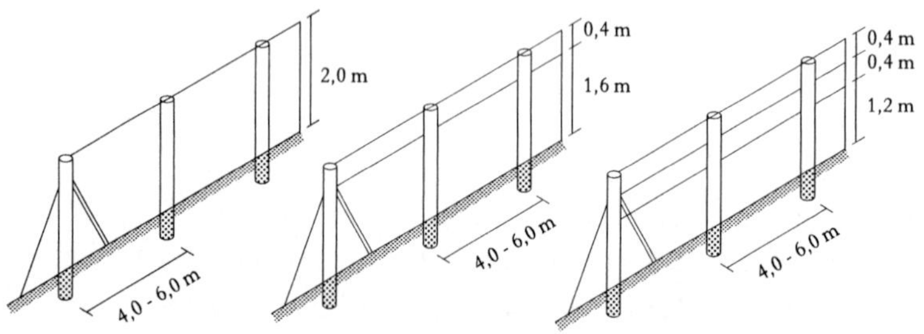

Figura 1 Esquemas de espaldeira vertical com um, dois e três fios de arame.

Para regiões onde há ventos fortes é mais recomendado o uso de dois fios de arame em vez de um. As linhas de plantio devem ter 60 m de comprimento e, no máximo, 100 m. Esse sistema facilita a realização da polinização manual, as podas e os tratamentos fitossanitários. Também apresenta as vantagens de fácil construção e custo mais baixo.

A espaldeira em T é uma variação da espaldeira vertical, que consiste na utilização, na extremidade superior dos postes, de travessões de madeira, em geral de 0,65 a 1 metro de comprimento, que sustentarão os fios de arame liso nº 12, utilizando-se dois fios de arame, um em cada extremidade do travessão, ou 3 fios, sendo que o terceiro passará no centro, como pode ser observado na Figura 2.

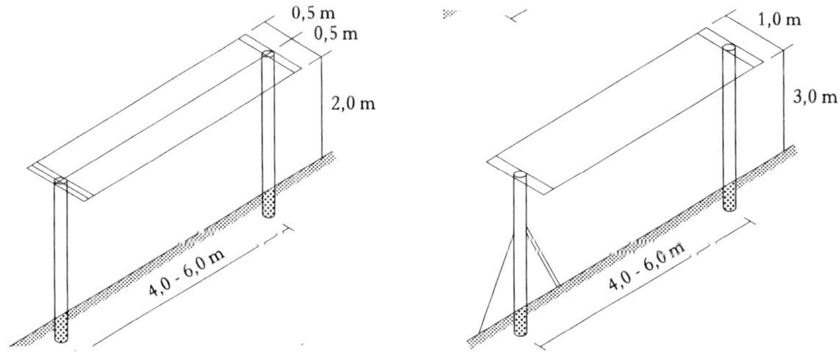

Figura 2 Esquemas de espaldeira em "T" com dois e três fios de arame.

Esse sistema de condução apresenta a vantagem de melhorar a distribuição da ramagem, o que facilita a penetração de luz e a aeração, porém tem maior custo de construção e menor durabilidade (travessão) quando comparada à espaldeira vertical, mas apresenta custo inferior à latada.

O sistema de espaldeira também pode ser feito em forma de cruz (Figura 3), que difere da espaldeira em T pela posição do travessão, que é colocado 30 cm abaixo da extremidade do poste, pelo qual obrigatoriamente passa um fio de arame nº 12. A planta é conduzida até o fio de arame superior e posteriormente irá se apoiar nos fios laterais. Esse sistema e o anterior necessitam de madeira de boa qualidade para sua construção.

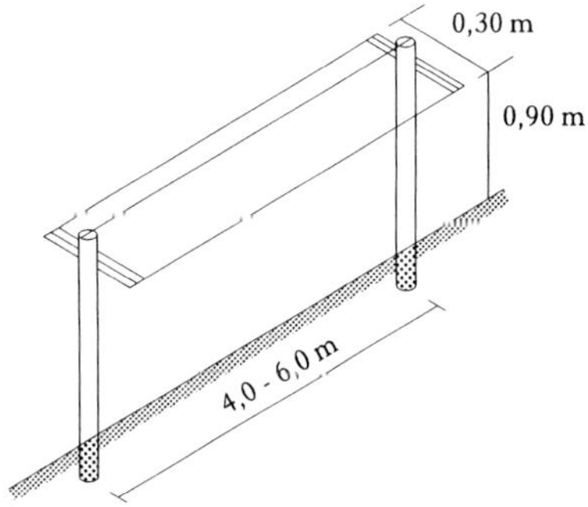

Figura 3 Esquema de espaldeira em cruz.

O sistema de latada ou caramanchão é o mais tradicional e é empregado para a sustentação do maracujazeiro, principalmente do maracujá-doce.

A estrutura é feita de arame trançado a uma altura de dois m, suportados por mourões distanciados a cada 2,5 a 3 m (Figura 4). Recomenda-se que a latada tenha entre 50 a 70 m de largura e 80 a 100 m de comprimento. Desta maneira, forma-se um "telhado", que permite o trânsito de pessoas em seu interior. Geralmente apresenta maior produtividade, principalmente em regiões que apresentam elevadas populações de polinizadores naturais; no entanto, o custo é elevado, além de ter como inconveniente o favorecimento da ocorrência de doenças (principalmente a verrugose), devido à formação de massa vegetal muito densa. É utilizado em regiões onde a cultura é replantada todos os anos.

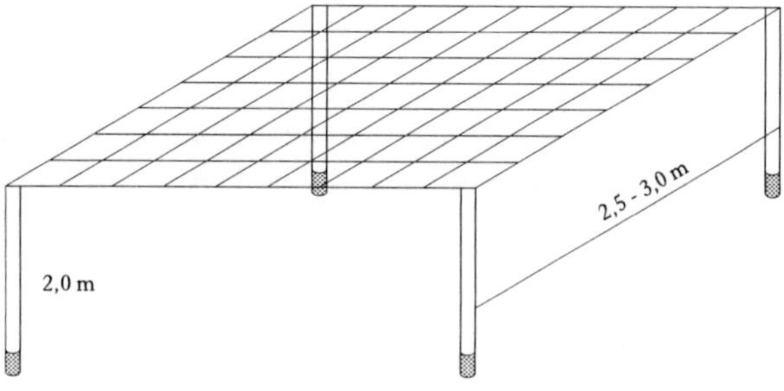

Figura 4 Esquema do sistema de condução em latada ou caramanchão.

Figuras 5 e 6 Estrutura e interior de uma latada.

Neste sistema de condução, as plantas devem ser podadas para evitar a formação de uma massa vegetal muito densa, que dificulta a realização de alguns tratos culturais, como a eliminação dos restos florais nos frutos e os tratamentos fitossanitários, além de favorecer a formação de um microclima favorável ao surgimento de doenças, que possam comprometer a produção e a qualidade dos frutos.

Figura 7 Planta de maracujá-doce conduzida em latada.

Poda

O conhecimento do comportamento e da fisiologia da planta induz o produtor a podar as plantas, pois a massa vegetativa formada é muito grande e sem utilidade. Esse material vegetativo é improdutivo, pois o florescimento só ocorre em ramos novos, o que significa dizer que à medida que o tempo passa, o florescimento vai se dar cada vez mais distante da base do ramo. Como em cada nó existe um conjunto de gemas que dá origem ao botão floral, à folha, à gavinha e ao ramo, é possível reconstituir a planta eliminando os ramos que já produziram.

Em função do sistema de condução adotado, a freqüência de poda será diferente; quando o objetivo é cultivar o maracujazeiro-doce em espaldeira vertical, a poda será feita com maior freqüência do que se for cultivado sobre latada, tendo em vista o vigor das plantas e a necessidade dos ramos estarem sempre pendentes e separados entre si. Já na latada, a poda será feita para melhorar o arejamento e diminuir o sombreamento entre ramos.

A época mais apropriada para a poda é o início da primavera, quando existe disponibilidade de água no solo e a temperatura do ar já está a 20°C, favorecendo a brotação da planta podada. É importante frisar que a planta não pode estar em repouso, pois poderá morrer após a poda; também não deve emitir botões florais, pois terá o início da produção retardado.

Para se conseguir bons resultados com a poda, algumas condições devem ser observadas: a planta deve estar em início de atividade vegetativa; a melhor época é o início da brotação; a cultura deve ter sido bem conduzida na estação precedente, com boas adubações e apresentar boa sanidade; a temperatura deve estar em torno de 20° a 25° C, o que possibilita a translocação das auxinas que promoverão as novas brotações; e o solo deve ter água disponível para promover o crescimento.

Quando a poda é realizada de forma adequada, pode-se conseguir os seguintes resultados: redução da massa vegetativa improdutiva; melhoria da iluminação e da aeração da planta; diminuição dos focos de pragas e doenças; aumento da eficácia dos tratamentos fitossanitários, reduzindo o número de tratamentos e, conseqüentemente, o custo da produção; e aumento da produção e do vigor das plantas.

Porém, a poda apresenta algumas desvantagens, tais como: a poda pode atrasar o início da safra, o que acarreta prejuízos; nem sempre a planta reage positivamente à poda, podendo morrer; os ramos estruturais da planta ficam desprotegidos e o sol pode comprometer sua integridade.

Tipos de poda

Existem três tipos básicos de poda recomendados para a cultura: a poda de formação, a poda de limpeza ou renovação e a poda de produção. A poda de formação é realizada logo que se planta o maracujazeiro, a poda de limpeza pode ser realizada na entressafra, enquanto a poda de produção é realizada no início da brotação primaveril.

Poda de formação

É a poda realizada com o objetivo de conduzir a planta de acordo com o sistema de sustentação pré-escolhido.

Após o plantio no campo, a muda emite várias brotações, que, se deixadas crescer livremente, formarão uma touceira impossível de ser conduzida. É, portanto, necessário realizar um desbaste desses brotos a cada sete dias, deixando apenas um broto, o mais vigoroso, que se constituirá na haste principal.

Logo após o plantio, deve ser colocado ao lado da muda um tutor, que pode ser um cordão, uma vara de bambu ou outro material que sirva como sustentação para a planta até que ela atinja o fio de arame mais alto. Quando a haste principal ultrapassar em aproximadamente 20 cm a altura do arame, é feita a eliminação da gema apical, para estimular a brotação lateral. Dos brotos que surgirem serão escolhidos dois, que serão conduzidos sobre o arame, um para cada lado. Posteriormente, estes brotos deverão ser despontados para forçar o desenvolvimento de gemas laterais que formarão os ramos produtivos. As ramificações que surgem em direção ao solo devem ficar livres (elimina-se as gavinhas que aparecem na haste e nos ramos descendentes) para facilitar o arejamento e a penetração de luz, importantes na redução do ataque de pragas e doenças.

Poda de limpeza

No período da entressafra deve ser feita uma poda de limpeza quando se retira todos os ramos secos e/ou doentes para melhor aeração da folhagem e diminuição do risco de contaminação de novas brotações. A poda de limpeza ou renovação tem sido recomendada com restrições, pois não aumenta a produção, mas facilita penetração de luz, ar e defensivos, produz frutos melhores, permite a renovação dos ramos (elimina ramos velhos e doentes); a planta deve estar bem adubada, e o solo, úmido. Poda-se os ramos produtivos próximos à haste horizontal, em seguida pulveriza-se com fungicida oxicloreto de cobre e mancozeb, alternadamente, a cada dez dias.

Poda de produção

A frutificação do maracujazeiro ocorre em ramos novos e, por essa razão, a poda se faz necessária, de modo a possibilitar produções satisfatórias. Também é exigida pelo intenso desenvolvimento da planta, que origina uma densa massa vegetal, favorável muitas vezes ao desenvolvimento de pragas e doenças.

A poda de produção ocorre no início da brotação de primavera, cortando-se os ramos abaixo de 60 cm do arame. Após a poda, deve-se deixar que os ramos sequem e depois devem ser queimados.

Se a planta necessita ou não ser podada e qual o grau de intensidade desse tipo de poda têm sido estudados e recomendados com restrições por diversos autores. Alguns resultados mostram que uma poda leve e seletiva promove a produção de frutos de melhor qualidade, aumenta a vida útil da planta e pode aumentar em pequena proporção a produtividade. Entretanto, uma poda drástica é mais prejudicial que benéfica.

Wills (1948) observou em um experimento que as plantas podadas deram produções maiores, enquanto, em outro experimento, as plantas não podadas deram produções maiores que as podadas. Entretanto, concluiu que a qualidade da fruta obtida de plantas não podadas é inferior às podadas.

Bowers & Dedolph, citados por Piza Júnior (1996), dizem que as plantas, quando podadas suavemente, tiveram uma produtividade 25% superior às não podadas ou às podadas excessivamente, e 10% superior às podadas medianamente.

Cereda (1976) estudou diferentes tipos de poda para o maracujazeiro em Botucatu (São Paulo), onde realizou a poda antes do início do desenvolvimento vegetativo, no final de agosto. As plantas foram conduzidas com um só tronco até o segundo fio da espaldeira, aplicando-se quatro tratamentos: sem poda (testemunha); poda a 75 cm do tronco; poda a 150 cm do solo; poda drástica em todos os ramos. Os resultados foram obtidos no 2° e 3° ano de produção, observando-se que a poda moderada (a 75 cm do tronco) exerceu efeito benéfico, mantendo a produção sem grande variação, enquanto a poda drástica exerceu efeito prejudicial, causando a morte precoce das plantas.

Rodrigues & Andrade (1996), em um experimento realizado em Maringá (Paraná), estudaram quatro intensidades de poda de frutificação do maracujazeiro-amarelo, conduzidos no sistema de espaldeira com um fio de arame. A poda foi realizada oito meses após o plantio. Observou-se redução do número de frutos e da produção de plantas podadas em relação às não podadas (testemunhas); observou-se também a mortalidade de plantas nos tratamentos em que se aplicaram podas mais drásticas. Portanto, o maracujazeiro não responde bem à realização de podas drásticas no primeiro ano de produção.

A poda do maracujazeiro apresenta diversos aspectos positivos, entretanto convém ressaltar que não há uma regra fixa para todos os casos, pois o comportamento da planta é variável, segundo as condições climáticas.

Referências bibliográficas

CEREDA, E. Formação e condução da cultura e sistemas de poda. In: SÃO JOSÉ, A.R. *Maracujá, Produção e Mercado*. Vitória da Conquista: DFZ / UESB, p.58-64, 1994.

__________ Influência da poda de frutificação do maracujá (*Passiflora edulis* f *flavicarpa* Deg.). *Ciência e Cultura*, São Paulo, v.28, p.800, 1976, Suplemento.

MANICA, I. *Fruticultura tropical: maracujá*. São Paulo: Editora Agronômica Ceres, 160p, 1981.

PIZA JÚNIOR, C. de T. *Cultura do maracujá*. Campinas: Date, 102p, 1966 (Boletim técnico nº5).

RODRIGUES, J.M. & ANDRADE, J.M.B. Efeitos da poda de frutificação na produtividade do maracujazeiro amarelo (*Passiflora edulis* f. *flavicarpa*) no 1º ciclo de produção. In: CONGRESSO BRASILEIRO DE FRUTICULTURA, 14, 1996, Curitiba. *Resumos...* Londrina: Iapar, p.329, 1996.

VASCONCELLOS, M.A. da S., CEREDA, E. O cultivo do maracujá doce. In: SÃO JOSÉ, A.R. *Maracujá, Produção e Mercado*. Vitória da Conquista: DFZ / UESB, p.71-83, 1994.

WILLS, J.M. Passion fruit growing in Southern Queensland. *Queensland Agricultural Journal*, v.66, n.6, p.325-50, 1948.

7
Nutrição mineral e adubação

Ernesto Luiz Pires de Almeida[1]
Erval Rafael Damatto Junior[2]
Sarita Leonel[3]

No Brasil, a partir de 1970, o cultivo do maracujazeiro-amarelo (*Passiflora edulis* Sims f. *flavicarpa* Deg.) tornou-se uma atividade com maior intensidade comercial e, atualmente, com uma evolução gradual, proporciona bons rendimentos de divisa ao país, que é hoje o primeiro produtor mundial dessa fruta, com uma área plantada, em 1995, próxima de 39.500 ha, representando um aumento de aproximadamente 55% entre a área plantada em 1990 e a verificada em 1995 (Agrianual, 1999; Carvalho et al., 2000).

Entretanto, no mesmo período, verificou-se um decréscimo em torno de 19% na produtividade de frutos desta cultura (Agrianual, 1999). Assim, a contínua expansão dos plantios tem gerado uma demanda por tecnologias de produção mais adequadas, capazes de elevar a produtividade e a rentabilidade dos pomares (Carvalho et al., 2000).

---

1 Engenheiro agrônomo, mestrando em Horticultura na Faculdade de Ciências Agronômicas da Unesp, *campus* de Botucatu

2 Engenheiro agrônomo, mestre em Energia na Agricultura na Faculdade de Ciências Agronômicas da Unesp, *campus* de Botucatu.

3 Engenheira agrônoma, professora doutora do Departamento de Produção Vegetal – Horticultura da Faculdade de Ciências Agronômicas da Unesp, *campus* de Botucatu.

O maracujá-doce (*Passiflora alata* Dryand) é altamente produtivo, chegando a produzir, nas condições do estado de São Paulo, até 50 toneladas por hectare. Para isso são requeridas adubações fartas, porém equilibradas, para assegurar as quantidades necessárias de nutrientes para o crescimento das plantas e elevadas produções (Kavati et al., 2002).

Nesse contexto, adubações e irrigações, quando corretamente aplicadas, são práticas altamente recomendadas, por influenciar direta e positivamente na produtividade. Porém, a falta de informações sobre os níveis adequados de fertilizantes e irrigações a serem aplicados em cada condição de plantio não têm permitido, na maioria dos casos, inferências a respeito desses insumos, o que tem prejudicado o desenvolvimento da cultura (Carvalho et al., 2000).

O maracujazeiro apresenta crescimento contínuo mediante fluxos de vegetação que são sucedidos por períodos de floração. Desde o início do processo de frutificação, há grande demanda por energia na planta e drenagem de nutrientes das folhas para os frutos em desenvolvimento, reduzindo-se, assim, a intensidade de vegetação (Menzel et al., 1993). Portanto, o maracujazeiro possui ciclos alternados de vegetação e de frutificação, os quais são mais intensos no início da primavera e se estendem até o final do outono. Estas informações sobre a fenologia são importantes para melhor orientar as técnicas de diagnóstico baseadas nas análises de solos e folhas, e todo restante do programa de adubação (Quaggio & Piza Júnior, 1998).

Revendo-se a literatura mundial nos últimos trinta anos, notou-se que faltam informações mais precisas sobre a resposta do maracujazeiro à calagem e adubação. No Brasil, principalmente nos anos 70, foram realizados alguns trabalhos sobre exigências nutricionais e adubação do maracujá (Haag et al., 1973; De Paula et al., 1974; Fernandes et al., 1974; Baumgartner et al., 1978; Müller et al., 1979). Todos esses trabalhos trouxeram contribuições importantes. Porém, em quase todos os experimentos observou-se produtividade abaixo de 10 t/ha, o que reduz a exigência das plantas em nutrientes e, portanto, a resposta à adubação (Quaggio & Piza Júnior, 1998).

Exigências nutricionais

A planta do maracujá tem crescimento contínuo, indeterminado e mais vigoroso em regiões quentes. O crescimento é lento até a chegada da haste principal no suporte de sustentação, que ocorre 60 a 90 dias após o plantio no campo, dependendo da época em que este é feito. A partir daí, ocorre intenso crescimento vegetativo, seguido por floração, também intensa; novos desses fluxos ocorrem até alcançar o acúmulo máximo de matéria seca na planta e de produção de frutos, ao redor de 240 dias após o plantio das mudas no campo (Quaggio & Piza Júnior, 1998).

A demanda por nutrientes acompanha a curva de acúmulo de matéria seca na planta. Inicialmente, a demanda por nutrientes é pequena; mas, a partir de 120 dias, a extração de nutrientes, principalmente N, K e Ca é intensa. O nitrogênio tem um pico de demanda melhor definido ao redor de 210 dias, da ordem de 200 kg/ha, enquanto os demais nutrientes são extraídos continuamente até o término do período de frutificação, que ocorre no início do inverno. Os nutrientes extraídos em maior quantidade pelo maracujazeiro são: N > K > Ca > S > P > Mg; já entre os micronutrientes os destaques ficam para Fe > Zn > Mn > B > Cu. Esses resultados de crescimento e acúmulo de nutrientes pelo maracujazeiro foram obtidos por Haag et al. (1973) e são considerados os mais completos internacionalmente. Entretanto, eles foram obtidos com uma população de 1.500 plantas/ha, que é quase o triplo da atualmente utilizada. Portanto, a extração dos nutrientes para o primeiro ano de formação pode estar um pouco superestimada (Quaggio & Piza Júnior, 1998).

Trabalho muito interessante foi realizado por Menzel et al. (1993), em Queensland, Austrália, em condições climáticas semelhantes às do estado de São Paulo. Esses autores estudaram a fenologia do maracujazeiro irrigado com 18 meses de idade durante dois anos, bem como as variações mensais nas concentrações de macro e micronutrientes em folhas jovens, completamente expandidas, em fluxos recentes de vegetação (Quaggio & Piza Júnior, 1998).

Desde o início da frutificação, há grande demanda de energia na planta e drenagem rápida de nutrientes para os frutos em desenvolvimento, o que reduz a intensidade de vegetação.

A concentração foliar de alguns nutrientes com rápida redistribuição no floema (N, P, K) acompanha os fluxos de vegetação, reduzindo a concentração logo após fluxos intensos de floração, ou melhor, quando o pegamento do fruto é intenso. A concentração dos demais nutrientes é menos sensível a essas variações e, portanto, só reduzem a concentração após fluxos muito fortes de vegetação.

Do ponto de vista prático, esses resultados informam que a época mais adequada de aplicação de fertilizantes para a cultura do maracujazeiro compreende desde o início da primavera até o final do verão, sendo necessário parcelar as doses em 4 a 5 aplicações, que deverão coincidir com os fluxos principais de floração.

O trabalho de Fernandes et al. (1974) completa essa informação, pois demonstra que logo após a floração a demanda do fruto por nutrientes aumenta exponencialmente, atingindo o máximo num período de 60 dias após a abertura da flor, quando o fruto é considerado maduro para ser colhido.

As recomendações anteriores de Piza Júnior et al. (1996) indicam que a dose anual de fertilizantes seja parcelada em oito aplicações, o que é excessivo segundo as novas informações. Deve-se, portanto, reduzir o número de aplicações para quatro ou cinco, fazendo-as coincidir com os principais fluxos de floração. A exportação de nutrientes com a colheita também traz informações úteis para a recomendação de adubação de culturas. Há alguns trabalhos na literatura que relatam a exportação de nutrientes com os frutos do maracujá (Haag et al., 1973; De Paula et al., 1974 e Fernandes et al., 1977). Entretanto, há variações entre eles, principalmente com relação ao nitrogênio e potássio, que são nutrientes muito importantes ao maracujá. Os resultados de Haag et al. (1973) e De Paula et al. (1974) são próximos entre si e são apresentados na Tabela 1 (Quaggio & Piza Júnior, 1998).

Os nutrientes exportados em maior quantidade são o K e N, numa relação de quase 2:1. Este conhecimento é importante para assegurar boa qualidade ao maracujá, pois o excesso de N em relação ao K reduz o tamanho do fruto, diminui a resistência da casca e provoca o reverdecimento da fruta (Quaggio & Piza Júnior, 1998).

Tabela 1 Exportação de nutrientes por tonelada de fruto de maracujá amarelo.

Nutriente	HAAG et al. (1973) (grama)	DE PAULA et al. (1974) (grama)
N	1.900	1.920
P	630	390
K	3.620	4.080
Ca	276	380
Mg	165	250
S	168	130
B	1,5	2,6
Cu	2,6	1,4
Fe	3,6	21,3
Mn	7,4	5,5
Zn	4,2	7,7
Mo	-	0,02

Segundo Borges et al. (2001), o nitrogênio (N) e o potássio (K) são os nutrientes mais absorvidos pelo maracujazeiro. O nitrogênio tem função estrutural na planta, sendo fundamental para o crescimento vegetativo e produção, estimulando o desenvolvimento de gemas floríferas e frutíferas. Assim, na sua falta, o crescimento da planta é lento, o porte é reduzido, com presença de ramos finos e em menor número. O potássio está presente na planta na forma iônica, atuando como ativador enzimático e participando de vários processos. A deficiência desse nutriente reduz o peso da planta e a produção de frutos, além de interferir na qualidade dos frutos e do suco. Apesar de o maracujazeiro absorver pouco fósforo, este é um nutriente importante nos processos de armazenamento e transferência de energia. Na sua ausência, o crescimento da planta é reduzido e a produção de frutos afetada (Baumgartner, 1978).

O bom aproveitamento dos fertilizantes pela planta depende muito de adequada disponibilidade de água. A absorção de alguns nutrientes parece ser marcadamente prejudicada pela falta de água. Entretanto, o excesso de água pode elevar em demasia as perdas causadas pela lixiviação de nutrientes, tais como nitrogênio e potássio (Raij, 1991; Carvalho et al., 2000).

O potássio é um nutriente com diversos papéis no metabolismo vegetal, atuando como ativador enzimático de processos responsáveis pela síntese e degradação de compostos orgânicos, participa do processo de abertura e fechamento das células estomatais, síntese de proteínas, osmorregulação, extensão celular e balanço entre cátions e ânions. É requerido em larga quantidade pelas culturas, sendo o cátion mais abundante nos vegetais, afetando o rendimento e a qualidade dos produtos colhidos (Carvalho et al., 2000).

Considerando a extração total, o N é o elemento absorvido em maior quantidade durante o desenvolvimento do maracujazeiro, seguido pelo K. Entretanto, por ocasião da colheita, o K é o mais extraído. Isso se deve ao fato de a concentração de K na casca dos frutos ser, aproximadamente, o dobro daquela observada para o N (De Paula et al., 1974, citados por Haag et al., 1973); desta forma, pode-se afirmar que o K é o nutriente mais exportado dos pomares, visto que as partes colhidas são os frutos (Carvalho et al., 2000).

A interação entre o K e outros cátions ocorre tanto na parte aérea quanto no solo. Adubações potássicas podem levar à diminuição dos níveis foliares de cálcio e magnésio, pois potássio, cálcio e magnésio competem por sítios de absorção pela planta. O potássio reduz a concentração de Mg na parte aérea por meio da redução da sua translocação das raízes para a parte aérea. A alteração dessas concentrações de nutrientes pode trazer problemas ao crescimento vegetal, à morfologia da planta e afetar sua produção.

Sintomas de deficiências de nutrientes

Os sintomas visuais de deficiência mineral constituem excelentes auxiliares na definição de um programa de adubação por refletirem desequilíbrios nutricionais que precisam ser corrigidos (Quaggio & Piza Jr., 1998). Os principais sintomas de deficiências nutricionais são apresentados a seguir:

- *Nitrogênio:* Inicialmente ocorre clorose mosqueada das folhas inferiores, que evoluem e tornam-se uniformemente amareladas, incluindo as nervuras. Em seguida, as folhas superiores também são gradativamente afetadas e as mais velhas secam e caem prematuramente. A planta apresenta desenvolvimento reduzido, com menor número de ramos e os internódios ficam mais curtos e finos. Nota-se na haste e gavinhas coloração vermelho vinho (presença de antocianina) e lignificação lenta.
- *Fósforo:* As folhas mais velhas apresentam coloração verde escura, seguida de uma clorose internerval. Com o aumento da deficiência as áreas cloróticas se unem, originando amarelecimento da margem para centro da folha. Não aparecem áreas avermelhadas, violáceas ou necróticas. As folhas novas tornam-se lanceoladas e as folhas trilobadas ficam com tamanho reduzido em forma de goteira e bordos ondulados. Os pecíolos ficam menores que os de plantas normais, as nervuras principais ficam com coloração vermelho clara, a haste fica de cor vermelha intensa e os ramos produzidos ficam fracos, finos e mais curtos. As gavinhas ficam pouco enroladas e com coloração vermelho violáceo.
- *Potássio:* O primeiro sintoma encontrado é uma clorose tênue das folhas inferiores, em seguida, os bordos foliares ficam com coloração marrom escura e manchas amareladas em toda superfície da folha, iniciadas nas margens. As manchas amareladas unem-se e a lâmina foliar torna-se clorótica. As áreas necróticas dos bordos foliares caminham para o interior, entre as nervuras. As folhas apresentam tendência de se curvarem para baixo, e as plantas apresentam desfolhação prematura. A floração é intensa, mas o pegamento fica bastante reduzido e, como conseqüência, a produção é fraca. Os frutos ficam raquíticos, cor verde pálido e a casca fica espessada com reduzido número de sementes atrofiadas.
- *Cálcio:* Os primeiros sinais são clorose internerval nas folhas novas e as nervuras ficam verdes e com aspecto reticulado. As folhas ficam finas e com tamanho reduzido e as gemas terminais apresentam-se com pequenas manchas necróticas. Há encurtamento dos internódios nas extremidades dos ramos, que ficam

com aspecto de roseta. Os frutos ficam cor verde pálido e possuem casca bastante espessa.

- *Magnésio:* Os sintomas de deficiência aparecem nas folhas mais velhas como manchas cloróticas nas áreas internervais, com aspecto mosqueado. Na progressão, as manchas ficam necróticas. Ocorre desfolhação prematura da planta.
- *Enxofre:* As plantas deficientes apresentam as folhas novas com clorose internerval, permanecendo uma estreita faixa verde escura de ambos os lados das nervuras, sendo que estas, na face inferior da folha, mostram-se avermelhadas. Ao acentuar-se a deficiência, as folhas dos ramos terminais não se desenvolvem completamente, permanecendo pequenas e uniformemente amareladas, enquanto as dos terços médio e inferior conservam a cor normal. Os ramos apresentam-se mais finos e lenhosos que na planta normal.
- *Boro:* Sua deficiência causa redução do tamanho e deformação dos frutos (aparecimento de formas bizarras) e clorose irregular nas folhas mais novas. Pode-se notar ainda o encurtamento dos internódios e redução do crescimento. O sintoma mais característico é o atrofiamento de gemas terminais, necrose e morte com a formação de novos brotos abaixo do ponto de crescimento.
- *Cobre:* Folhas velhas apresentam-se maiores e mais largas, de cor verde escura e perda parcial do turgor, na deficiência de cobre.
- *Ferro*: A deficiência deste elemento caracteriza-se por uma clorose, a princípio internerval, das folhas mais jovens que com a permanência da coloração verde escura das nervuras, confere à folha um aspecto finamente reticulado. Com o evoluir da deficiência, toda a folha, inclusive as nervuras, tornam-se branco amareladas, sendo que as folhas dos ramos inferiores também se apresentam cloróticas, em uma intensidade decrescente à medida que se localizam mais abaixo na planta, gradiente este também observado ao longo dos ramos.
- *Manganês*: As folhas superiores apresentam clorose no tecido internerval, ficando as nervuras e pequena faixa de tecido ao longo delas de coloração verde normal. Ao acentuar-se a deficiência, as folhas tornam-se uniformemente amareladas, podendo

surgir pontos esbranquiçados ou necróticos na superfície foliar. Morales Abanto & Müller (1977) referem-se, ainda, a um encurvamento dos bordos das folhas para baixo. Não se relata, porém, desfolhação prematura como conseqüência dessa deficiência. As gavinhas jovens apresentam deformações e necroses em sua parte mediana, o que possivelmente responde pelo fato de elas se apresentarem esticadas.

- *Molibdênio*: Folhas mais velhas apresentam manchas cloróticas e internervais, com a permanência de tecido verde ao redor das áreas descoloridas. Sua deficiência também causa um acentuado encurvamento dos bordos das folhas para cima (*cupping*).
- *Zinco*: Na ausência deste elemento, as plantas apresentam encurtamento de internódios, as folhas ostentam clorose em manchas, progredindo das mais velhas para as mais novas. Há formação de rosetas, face à morte das gemas terminais.

Avaliação da fertilidade do solo

Análise de solo

Antes da implantação da cultura, devem ser retiradas amostras de solo nas profundidades de 0-20 cm e 20-40 cm, para análise e eventual recomendação da calagem e das adubações de formação e de produção.

Nas tabelas 2 e 3 encontram-se os padrões de fertilidade do solo para macro e micronutrientes, respectivamente.

Tabela 2 Padrões de fertilidade para a interpretação de resultados de análise de solo para macronutrientes e acidez.

Classes	P resina	Potássio	Magnésio	Saturação por bases
	mg/dm^3	mmolc /dm^3		%
Muito baixo	<6	<0,8	-	<26
Baixo	6-12	0,8-1,5	<4	26-50
Médio	13-30	1,6-3,0	4-8	51-70
Alto	>30	>3,0	>8	>70

Tabela 3 Interpretação preliminar de resultados de análise de solo para enxofre e micronutrientes.

Classes	S-SO4	B	Cu	Mn	Zn
	mg/dm³				
Baixo	<5	<0,20	<0,3	<1,5	<0,7
Médio	5-10	0,20-0,60	0,3-1,0	1,5-5,0	0,7-1,5
Alto	>10	>0,60	>1,0	>5,0	>1,5

Análise de folhas

A análise foliar deve ser interpretada com cautela, pois sofre grande interferência da taxa de crescimento. A amostragem é feita retirando-se 3 a 4 folhas por planta, no outono ou quando o botão floral na axila estiver prestes a se abrir. Essas folhas devem ser colhidas ao acaso de 20 plantas em cada talhão ou grupos homogêneos.

Tabela 4 Teores adequados de nutrientes nas folhas do maracujazeiro amarelo para dois critérios de amostragem foliar.

Nutrientes	3ª ou 4ª folha no outono(1)	Folha com botão na axila(2)
Macronutrientes	g/kg	
N	42-52	33-43
P	1,5-2,5	1,3-2,1
K	20-30	22-27
Ca	17-27	12-16
Mg	3,0-4,0	2,5-3,1
S	3,2-4,0	n.d
Micronutrientes	g/kg	
B	40-60	n.d
Cu	5-20	n.d
Fe	100-200	n.d
Mn	100-250	n.d
Mo	1,0-2,0	n.d
Zn	50-80	n.d

(1) Menzel et al. (1993); (2) Marchal & Boudeaut (1972); n.d = não definido.

Recomendações

Calagem

Com uma antecedência de 2 a 3 meses ao plantio, deve ser realizada a calagem em área total, visando elevar a saturação por bases a 80% e o magnésio a um teor mínimo de 9 mmolc/dm^3 (Boletim Técnico 100, IAC, 1997).

A quantidade de calcário a ser aplicada deve ser calculada de acordo com a análise de solo, dando-se preferência ao calcário dolomítico, que possui magnésio.

Adubações

Na adubação de plantio, as covas devem ser preparadas com uma antecedência de 30 dias com 40 litros de esterco de curral curtido ou composto, 200 g de calcário dolomítico, 200 g de P_2O_5, 4 g de Zn e 1 g de B (Boletim Técnico 100, IAC, 1997).

Para a adubação de formação, deve-se aplicar ao redor da planta (círculo 0,5 m de diâmetro) 10 g de N, 30 dias após o plantio; 15 g de N, aos 60 dias; 50 g de N e 50 g de K_2O, aos 90 dias (Kavati et al., 2002).

As plantas devem receber doses anuais de N, P_2O_5 e K_2O, de acordo com a análise inicial do solo e a produtividade esperada. Essas doses devem ser aplicadas antes dos principais fluxos de floração, devendo ser parceladas em 4 a 5 aplicações, nos meses de setembro, novembro, janeiro e março (Boletim Técnico 100, IAC, 1997).

O adubo deve ser aplicado numa faixa de 2 m de comprimento por 1 m de largura, nos dois lados da planta, 20 a 30 cm distante do tronco.

A adubação com micronutrientes é recomendada para plantas em produção e pode ser feita via foliar juntamente com a aplicação de defensivos (exceto com aqueles à base de cobre), fazendo-se cinco pulverizações de outubro a abril com uma calda de 300 g de sulfato de zinco, 100 g de ácido bórico e 500 g de uréia por 100 l de água (Kavati et al., 2002).

Tabela 5 Recomendações para adubação de produção do maracujazeiro doce, conforme a expectativa de produtividade e resultados de análise de solo.

Produtividade esperada	Nitrogênio	P resina, mg/dm³			K⁺trocável, mmolc/dm³			
		0-12	13-30	>30	0-0,7	0,8-1,5	1,6-3,0	>3,0
t/ha	N, kg/ha	P_2O_5 kg/ha			K_2O kg/ha			
<15	80	60	40	10	240	180	120	60
15-20	100	80	40	20	300	230	160	80
20-25	120	100	50	40	360	280	200	100
25-30	140	120	80	60	420	330	240	120
30-35	160	140	100	80	480	380	280	140
>35	180	160	120	100	520	430	320	160

Fonte: Cati, adaptado de Kavati et al. (2002).

Referências bibliográficas

AGRIANUAL 1999. *Anuário Estatístico da Agricultura Brasileira*. São Paulo: FNP Consultoria & Comércio, p .368-76, 1999.

BAUMGARTNER, J. G., LOURENÇO, R. S., MALAVOLTA, E. Estudos sobre a nutrição mineral e adubação do maracujazeiro (*Passiflora edulis* Sims f. *flavicarpa* Deg.) V – Adubação mineral. *Científica*, v.6, n.3, p.361-67, 1978.

BOLETIM TÉCNICO DO INSTITUTO AGRONÔMICO. Campinas: Instituto Agronômico, n.100, 285p, 1997.

BORGES, A. L. et al. Efeito de Doses de NPK sobre os Teores de Nutrientes nas Folhas e no Solo, e na Produtividade do Maracujazeiro Amarelo. *Revista Brasileira de Fruticultura*, Jaboticabal, v.24, n.1, p.208-13, 2002.

CARVALHO, A. J. C. et al. Adubação nitrogenada e irrigação no maracujazeiro amarelo. I. Produtividade e qualidade dos frutos. *Pesquisa Agropecuária Brasileira*, Brasília, v.35, n.6, p.1101-8, 2000.

CARVALHO, A. J. C et al. Teores de nutrientes foliares no maracujazeiro-amarelo associados à estação fenológica, adubação potássica e lâminas de irrigação. *Revista Brasileira de Fruticultura*, Jaboticabal, v.23, n.2, p.403-8, 2001.

DE PAULA, O. F. et al. Estudos sobre a nutrição mineral e adubação do maracujá (*Passiflora edulis* f. *flavicarpa*). I Extração de macro e micronutrientes na colheita. *Revista Agricultura*, v.49, p.61-6, 1974.

FERNANDES, P. D. et al. Extração de nutrientes durante o desenvolvimento do fruto do maracujazeiro-amarelo (*Passiflora edulis* f. *flavicarpa* Deg.) *O Solo*, ano LXIX, v.1, p.16-21, 1974.

HAAG, H. P. et al. Absorção de nutrientes por duas variedades de maracujá. *Anais da Escola Superior de Agricultura Luiz de Queiroz*, v.30, p.267-79, 1973.

KAVATI, R., PIZA JÚNIOR, C. de T. A cultura do maracujá-doce. Campinas: CATI, 2002. 46p. (Boletim Técnico, 244).

MARCHAL, J., BOUDEAUT, J. Écantillonnages foliares de la grenadille (*Passiflora edulis* Sims f. *flavicarpa*). *Fruits*, v.33, n.4, p.307-11, 1972.

MENZEL, C. M. et al. New standard leaf nutrient concentrations for passion fruit based on seasonal phenology and leaf composition. *Journal of Agricultural Science*, Ashford Kent, v.68, n.2, p.215-29, 1993.

MORALES ABANTO, A., MÜLLER, L. E. Alteraciones producidas en el maracujá (*Passiflora edulis* Sims) por deficiencias de nitrógeno, fósforo y potássio. *Turiba*, v.26, n.4, p.331-6, 1977.

MÜLLER, C. H. et al. Efeitos de doses de sulfato de amônio e cloreto de potássio sobre a produtividade e sobre a qualidade de maracujás colhidos em épocas diferentes. *Revista Ceres*, v.26, n.143, p.48-64, 1979.

QUAGGIO, J. A., PIZA JÚNIOR, C. T. Nutrição mineral e adubação da cultura do Maracujá. In: SIMPÓSIO BRASILEIRO SOBRE A CULTURA DO MARACUJAZEIRO, 5, 1998, Jaboticabal. *Anais*... Jaboticabal: Faculdade de Ciências Agrárias e Veterinárias, Universidade Estadual Paulista, 1998, p.130-56.

8
Irrigação

Milene Rodrigues Peres[1]

Introdução

A contínua expansão dos plantios de fruteiras tem gerado uma demanda por tecnologias de produção mais adequadas, capazes de elevar a produtividade e a rentabilidade dos pomares. Nesse contexto, a irrigação, quando corretamente aplicada, é uma prática altamente recomendada, por influenciar direta e positivamente a produtividade. Por esta razão, neste capítulo forneceremos informações para a irrigação do maracujá-doce baseados em estudos para o maracujá-amarelo, já que se encontram poucos trabalhos sobre o manejo de água e a demanda hídrica para aquela cultura, reunindo dados que possam ajudar no correto manejo de água para que se consiga a melhor produtividade.

A importância da água

O maracujazeiro requer uma boa e bem distribuída precipitação pluviométrica. Cerca de 800 a 1.700 mm anuais são requeridos para um bom desenvolvimento da cultura. É uma espécie que resiste a

---

1 Engenheira agrônoma, mestre em Irrigação na Faculdade de Ciências Agronômicas da Unesp, *campus* de Botucatu.

curtas estiagens, porém períodos prolongados de seca retardam o desenvolvimento e o florescimento. Por outro lado, elevadas e freqüentes precipitações durante o florescimento prejudicam a produção, pois afetam a atividade de insetos polinizadores e inviabilizam o grão-de-pólen (Teixeira, 1994 e Meletti, 1995).

O estresse hídrico é um dos principais fatores ambientais responsáveis pelas flutuações estacionais de produção do maracujazeiro, conforme relatam Staveley & Wolstenholme (1990). Resultados de pesquisas realizadas por Martins (1998), Carvalho et al. (2000) e Sousa (2000) mostram que os rendimentos máximos da cultura, entre 35 a 45 $t.ha^{-1}$, foram obtidos experimentalmente com um consumo de água com irrigação suplementar em torno de 1.300 a 1.400 $mm.ano^{-1}$.

Dependendo das características físicas do solo onde é cultivado, da demanda atmosférica do local e do estádio fenológico da cultura, um pequeno período com ausência de precipitação pode ocasionar um déficit de água nos tecidos das plantas exercendo influência direta nos processos fisiológicos da cultura, limitando seu desenvolvimento vegetativo e a produtividade (Menzel et al., 1986).

A falta de umidade no solo determina queda de folhas e frutos na fase inicial de desenvolvimento e, na fase final, pode causar enrugamento em frutos verdes e grandes. Menzel et al. (1986) verificaram que um pequeno nível de estresse de umidade pode limitar severamente o crescimento vegetativo e o potencial de produção, concluindo que a irrigação em maracujazeiros deveria manter o perfil de umidade do solo próximo à capacidade de campo, principalmente durante o florescimento. A irrigação regular permite a floração e a frutificação quase contínua, desde que outros fatores não sejam limitantes. O estresse hídrico durante o desenvolvimento do fruto pode levar a decréscimos no peso e no volume de polpa, murcha e, por fim, à queda dos frutos (Teixeira, 1989).

Manejo da irrigação

A quantidade de água requerida e a freqüência da irrigação são funções das variáveis do solo, da planta e da atmosfera (Klar, 2001).

O coeficiente de cultivo (Kc) teoricamente determinado pela relação entre a evapotranspiração da cultura (ETc) e a evapotranspiração de referência (ETo), varia de acordo com o estádio de desenvolvimento da cultura e com o método de estimativa da ETo, necessitando ser ajustado para as diferentes condições edafoclimáticas locais.

De acordo com Alencar (2000), em experimento conduzido em Piracicaba (São Paulo), o máximo consumo de água encontrado foi de 4,68 mm.dia^{-1}, durante o início da floração, sendo que os valores médios de Kc variaram entre 0,38 e 1,10. Outro estudo realizado em Botucatu (São Paulo) por Silva (2002) encontrou valores de Kc variando de 0,42 a 1,18, com valores máximos registrados entre 200 e 210 dias após o transplantio das mudas no campo. No Quadro 1, estão apresentados dados médios da evapontranspiração (ETc) do maracujazeiro e do coeficiente da cultura (Kc) ao longo do ciclo da cultura.

Quadro 1 Valores médios de evapontranspiração (ETc) (mm/dia^{-1}) e coeficiente da cultura (Kc) para a região de Botucatu.

DAT	30	60	90	120	150	180	210	240	270	300
ETc	1,36	1,50	2,03	2,11	2,33	2,97	2,41	1,52	1,11	0,92
Kc	0,40	0,49	0,57	0,57	0,78	0,85	0,87	0,73	0,63	0,54

Fonte: Silva (2002).

Sistemas de irrigação

A escolha do sistema de irrigação a ser implantado depende de uma série de fatores técnicos, econômicos e culturais, referentes a cada situação específica (Scaloppi 1986).

Os fruticultores têm adotado os mais variados sistemas de irrigação. De um modo geral, a cultura do maracujá pode ser explorada sob os sistemas de irrigação por gotejamento, microaspersão, aspersão e por sulcos. A irrigação localizada, método adotado pela maioria dos produtores é, teoricamente, a melhor opção, pois coloca a água na região das raízes e não provoca a formação de umidade excessiva na parte aérea, favorecendo a frutificação e não os patógenos. Dados obtidos em pomares comerciais com irrigação por gotejamento indicam que o uso de quatro gotejadores por planta, espaçados a 50 cm, tem propiciado bons resultados.

Independentemente do método a ser adotado, é importante que a planta não seja submetida a nenhum estresse hídrico, pois antes mesmo do aparecimento dos sintomas visuais pela falta de água já ocorreu o comprometimento da produção.

Referências bibliográficas

ALENCAR, C. DE A. *Consumo de água do maracujazeiro amarelo* (*Passiflora edulis* Sims var. *flavicarpa* Deg) Piracicaba, 49p, 2000. Dissertação (mestrado). Escola Superior de Agricultura Luiz de Queiroz,Universidade de São Paulo.

CARVALHO, A.J.C. de, MARTINS, D.P., MONNERAT, P.H., BERNARDO, S. Adubação nitrogenada e irrigação no maracujazeiro amarelo. I. Produtividade e qualidade dos frutos. *Pesquisa Agropecuária Brasileira*, v.35, n.6, p.1101-8, 2000.

KLAR, A.E. Irrigação na medida, *Cultivar Máquinas*, Ano 1, nº.1, 2001.

MARTINS, D.P. *Resposta do maracujazeiro amarelo* (*Passiflora edulis* Sims var. *flavicarpa* Deg) *a lâminas de irrigação e doses de nitrogênio e potássio*. Campos dos Goytacases, 1998, Tese (doutorado) Centro de Ciências e Tecnologia da Universidade Estadual do Norte Fluminense.

MELETTI, L.M.M. Maracujá: produção e comercialização no estado de São Paulo. *Boletim Técnico*, 158. Campinas, IAC, 22p, 1995.

MENZEL, C.M., SIMPSON, D.R., DOWLING, A.J. Water relations in passion fruit: effect of moisture stress on growth, flowering and nutrient uptake. *Scientia Horticulturae*, Amsterdam, n.29, p.239-49, 1986.

SCALOPPI, E.J. Critérios básicos para seleção de sistemas de irrigação. *Informe Agropecuário*, Belo Horizonte, v.12, n.139, p.54-62, 1986.

SILVA, A.A.G.da. *Maracujá amarelo* (*Passiflora edulis* Sims f. *flavicarpa* Deg): aspectos relativos à fenologia, demanda hídrica e conservação pós-colheita. Botucatu, 98p, 2002. Tese (doutorado). Faculdade de Ciências Agronômicas, Universidade Estadual Paulista.

SOUSA, V.S. *Níveis de irrigação e doses de potássio aplicadas via fertirrigação por gotejamento no maracujazeiro amarelo* (*Passiflora edulis* Sims var. *flavicarpa* Deg). Piracicaba, 2000, 145p. Tese (doutorado). Escola Superior de Agricultura Luiz de Queiroz, Universidade de São Paulo.

STAVELEY, G.W., WOLSTENHOLME, B.N. *Effect of water stress on growth and flowering of Passiflora edulis (Sims) grafted to P. caerulea* L. Acta Horticulturae, v.275, p.551-8, 1990.

TEIXEIRA, D.M.M. *Efeito de vários níveis de fertirrigação na cultura do maracujazeiro-amarelo (P. edulis* f. *flavicarpa)*. Piracicaba, 1989, 83p. Dissertação de Mestrado. Escola Superior de Agricultura Luiz de Queiroz, Universidade de São Paulo.

TEIXEIRA, C.G.I. Maracujá. In: Instituto de Tecnologia de Alimentos. *Maracujá*. 2.ed. Série Frutas Tropicais, 9. Campinas: Ital, p.1-142, 1994.

9
Pragas

Fernando Alves de Albuquerque[1]

O maracujazeiro (*Passiflora* sp.) hospeda uma grande diversidade de insetos e ácaros. Algumas espécies podem causar injúrias capazes de provocar danos econômicos, por reduzir a produção de frutos e até mesmo levar as plantas à morte. Algumas são esporádicas e outras ocorrem em níveis baixos, não requerendo a adoção de medidas de controle. Do ponto de vista econômico, poucas são consideradas pragas (Brandão et al., 1991; Francelli & Mesquita, 1998).

No caso do maracujazeiro-doce, as pragas que causam maiores danos são: mosca-das-frutas, mosca-dos-botões-florais e percevejos. Ocasionalmente, podem-se observar problemas com ácaros, trípes, afídeos (vetores de viroses), coleópteros e abelha irapuá. As lagartas desfolhadoras, freqüentes no maracujazeiro-amarelo, praticamente não são relatadas causando danos ao maracujazeiro-doce (Vasconcelos, 2000). A seguir, serão apresentadas as espécies de ocorrência mais freqüente em plantios de maracujá.

1 Engenheiro agrônomo, professor da Universidade Estadual de Maringá, doutorando em Proteção de Plantas na Faculdade de Ciências Agronômicas da Unesp, *campus* de Botucatu.

Mosca-das-frutas

O ataque de mosca-das-frutas pode ocorrer nos botões florais ou nos frutos do maracujazeiro, tornando-os imprestáveis para o consumo ou ocasionando a sua queda (Fadini & Santa-Cecília, 2000). O ataque não provoca a queda dos frutos mais desenvolvidos, porém, eles se tornam murchos, com o orifício de postura bem visível e rodeado por um tecido corticoso e duro (Boiça Jr., 1998).

Os frutos de *Passiflora alata* e *P. quadrangularis* parecem ser mais suscetíveis ao ataque de mosca-das-frutas que os frutos de *P. edulis* e *P. edulis* f. *flavicarpa* (Teixeira, 1995).

Várias espécies de moscas-das-frutas são relatadas em maracujazeiro: *Anastrepha fraterculus, A. pseudoparallela, A. mombinpraeoptans, A. consobrina, A. ethalea, A. grandis, A. kuhlmanni, A.lutzi, Ceratitis capitata* e *Lonchaea* sp. (Lordello, 1954; Rossetto et al., 1974; Santos & Costa, 1983; Gallo et al., 1988; Picanço, 2001).

Em algumas regiões produtoras, o ataque de moscas-das-frutas, *Anastrepha* spp. e *C. capitata*, é freqüente e limitante da produção do maracujá, ao passo que em outras, sua ocorrência é bastante rara (Rossetto et al., 1974).

Dentre as diversas espécies do gênero *Anastrepha* que atacam frutos do maracujazeiro, *A. pseudoparallela* destaca-se como a mais freqüente e apresenta preferência por plantas do gênero *Passiflora* (Zucchi, 1988).

Os adultos de *A. pseudoparallela* medem cerca de 8 mm de comprimento e apresentam um colorido predominantemente amarelo, com desenhos característicos nas asas e com o mediotergito amarelo (Gallo et al., 1988). Seu ciclo de vida de ovo a adulto tem duração média de 30 dias, sendo que a oviposição pode ocorrer tanto em frutos verdes como em maduros (Manica, 2001; Gallo et al., 2002).

As fêmeas do gênero *Anastrepha* introduzem o ovipositor através da casca, colocando os ovos na polpa, onde as larvas se alimentam, destruindo o interior dos frutos e tornando-os imprestáveis para o consumo (Cavalcante, 1970).

Os adultos de *C. capitata* medem 4 a 5 mm de comprimento, têm coloração amarelada, com asas de tonalidade rosa e listras amareladas, sendo que as fêmeas apresentam o ovipositor mais curto que as moscas do gênero *Anastrepha*. O ciclo de vida de ovo a adulto tem duração média de 31 dias, sendo que a fase larval dura de 9 a 13 dias (Gallo et al., 1988).

Mosca-do-botão-floral

São citadas, atacando o botão floral do maracujazeiro, moscas dos gêneros *Protearomya, Silba, Dasiops, Lonchaea* e *Zapriothrica* (Chacón & Rojas, 1984; Boiça Jr., 1998; Picanço et al., 2001; Gallo et al., 2002). No caso de *Dasiops*, são conhecidas três espécies que atacam flores ou frutos de *Passiflora* spp., nas Américas: *D. curubae* em *Passiflora mollissima*, *D. inedulis* em *Passiflora edulis* e *D. passifloris* em *Passiflora suberosa* (Steyskal, 1980).

Lonchaea cristula ocorre com maior freqüência em cultivo de *Passiflora mollissima*, quando o mesmo é conduzido próximo a outras fruteiras hospedeiras do inseto (Hernandez et al., 1995).

Moscas do gênero *Protearomya* foram relatadas atacando maracujazeiros localizados na região de Araguari, MG. Os adultos medem 7 a 9 mm de envergadura, são de coloração preta, com aspecto metálico brilhante, e apresentam o primeiro e segundo tarsômeros e pulvílos de coloração amarela. Os ovos são colocados no interior do botão floral onde eclodem as larvas de formato vermiforme. São encontradas, em média, 4 a 5 larvas por botão floral. A fase pupal normalmente ocorre no solo, mas em algumas situações pode ocorrer no interior do botão floral. Os danos provocados pelas larvas iniciam-se, normalmente, pelas anteras, nas quais as larvas de primeiro e segundo ínstares alimentam-se dos grãos-de-pólen. A seguir, alimentam-se do ovário e da base do botão floral, provocando sua queda. À medida que as larvas vão se desenvolvendo e se tornando mais numerosas em cada botão, mais expressivos são os danos (Boiça Jr., 1998).

O adulto de *Silba pendula* mede cerca de 4 mm de comprimento, apresenta coloração preta, com reflexos metálico-azulados (Gallo et al., 1988). A fêmea faz a postura no botão floral, que acaba caindo antes da abertura da flor (São José, 1994; Rizzi et al., 1998).

Dasiops inedulis é uma mosca de 4 mm de comprimento, de coloração preta brilhante e asas hialinas. Suas larvas são brancas e ápodas e as pupas marrons. Atacam os frutos do maracujá, sendo as larvas encontradas no interior dos botões florais, alimentando-se dos ovários e provocando a queda dos frutos em formação (Gallo et al., 2002).

Percevejos

Os percevejos são as principais pragas da cultura do maracujazeiro, em função do alto grau de danos que ocasionam ao sugarem frutos, botões florais, ramos novos ou flores das plantas. As fêmeas realizam suas posturas isoladas ou agrupadas, dependendo da espécie e logo que surgem as primeiras ninfas que iniciam seu ataque direcionado às várias estruturas da planta (Boiça Jr., 1998). Estes insetos atacam preferencialmente os botões florais e depois os frutos novos; na ausência dessas estruturas, atacam os ramos das plantas (Santos & Costa, 1983; Gallo et al., 1988; Ruggiero et al., 1996). Ataques severos a botões florais e frutos novos resultam em sua queda, enquanto que em frutos menos atacados ou mais desenvolvidos observa-se retorcimento e murcha. Estes danos resultam, portanto, em perdas de frutos e prejuízos ao comércio do produto *in natura* (São José, 1993; Ruggiero et al., 1996; Boiça Jr., 1998).

Carvalho (1969) destaca quatro espécies de percevejos causando importantes danos à cultura do maracujazeiro: *Diactor bilineatus, Holymenia clavigera, Leptoglossus gonagra* e *L. stigma*, enquanto Bergamin (1965) e Cavalcante (1970) mencionam *Diactor bilineatus* como um dos principais responsáveis pelo declínio da cultura no estado de São Paulo.

Boiça Jr. (1998) cita a ocorrência de diversos percevejos atacando a cultura do maracujazeiro, mas destaca a importância de algumas espécies da família Coreide por causa da intensidade de seu ataque e à significativa perda de produção que ocasionam: *Diactor bilineatus,*

Holymenia clavigera, H. bistrio, Leptoglossus gonagra, L. stigma e *Anisosceles* sp.

Os percevejos que atacam o maracujazeiro possuem grande mobilidade no campo e um número considerável de hospedeiros alternativos, fato que possibilita a manutenção das populações mesmo em locais onde a cultura não está implantada. Em função destas características, os percevejos têm um grande potencial de provocar danos à cultura do maracujá, de maneira que suas populações devem ser periodicamente monitoradas no campo (Fadini & Santa-Cecília, 2000).

Diactor bilineatus é conhecido como o principal percevejo praga do maracujazeiro, vivendo exclusivamente sobre a cultura e causando prejuízos bastante significativos, sendo considerado causador do declínio do maracujazeiro em muitas áreas (Bergamin, 1965; Cavalcante, 1970; Boiça Jr., 1998). Já na década de 1950, Mariconi (1952) destacava a importância deste percevejo e seus prejuízos à cultura do maracujazeiro e recomendava a catação manual das ninfas ou aplicação de inseticidas para o controle.

O adulto de *D. bilineatus* mede aproximadamente 20 mm de comprimento, com cabeça, pronoto e escutelo de coloração verde-escuro e duas linhas alaranjadas características, que vão da região central da cabeça ao escutelo, e apresentam uma expansão em forma de folha nas pernas posteriores, com coloração escura e manchas alaranjadas (Mariconi, 1952). A oviposição é feita na face inferior das folhas e os ovos, de coloração amarelo parda, são postos em grupos de 6 a 9. Após a eclosão, as ninfas sugam a seiva da parte aérea da planta durante um período de 45 dias, quando passam por cinco ínstares, até atingirem o estádio adulto, cuja longevidade é de 30 dias (Santos, 1961; Gallo et al., 1988).

D. bilineatus, tanto na fase de ninfa quanto na fase adulta, ataca os botões florais e frutos novos, provocando murcha e queda dos frutos. Já os frutos grandes são atacados apenas pelos insetos adultos, que provocam pequenas tuberosidades, não ocorrendo a murcha. Na escassez de alimento, folhas, pecíolos e caules também são atacados (Mariconi, 1952; Gallo et al., 2002).

Holymenia clavigera, conhecido como percevejo-dos-frutos, mede 18 mm de comprimento e apresenta coloração variável, com pronoto vermelho-escuro com uma faixa amarela longitudinal e mediana da cabeça ao escutelo, e mais quatro manchas amarelas (Gallo et al., 2002). A fêmea adulta coloca os ovos geralmente na página abaxial das folhas ou ramos protegidos entre as folhagens. Os ovos são amarelo-palha e bastante brilhantes e à medida que o tempo passa vão se tornando mais escuros. As ninfas passam por cinco estádios, sendo que nos três primeiros apresentam o corpo com coloração verde-clara e pernas escuras, enquanto que no quarto estádio o corpo apresenta tonalidade verde-amarronzado (Boiça Jr., 1998). Os prejuízos causados por *H. clavigera* são os mesmos do percevejo *D. belineatus* (Gallo et al., 2002).

Holymenia bistrio é bastante semelhante a *H. clavigera*, dificultando sua diferenciação à primeira vista, sendo que as duas espécies causam os mesmos danos ao maracujazeiro (Boiça Jr., 1998).

Leptoglossus gonagra é conhecido como percevejo do melão-de-São-Caetano, por ser esta planta seu hospedeiro natural, muito embora também ocorra em laranja, pomelo, goiaba, chuchu, abóbora, romã e araçá (Boiça Jr., 1998). O adulto é um percevejo de coloração geral marrom-escura, que mede cerca de 20 mm de comprimento, sendo que as pernas posteriores, mais largas, apresentam a tíbia provida de expansões laterais, à semelhança de uma pequena folha, com manchas claras no lado interno. Apresenta, ainda, listras alaranjadas na cabeça e uma linha transversal amarela no pronoto (Gallo et al., 1988). Cada fêmea oviposita em torno de 62 ovos, que apresentam período médio de incubação de 8 dias, após o que emergirão as ninfas, que passarão por 5 ínstares ao longo de um período de aproximadamente 55 dias (Amaral Filho & Storti filho, 1976). *L. gonagra* ataca frutos pequenos e botões florais do marcaujazeiro, causando a sua queda (Chiavegato, 1963).

Leptoglossus stigma é conhecido como percevejo-das-frutas, pois além de atacar o maracujazeiro, também ocorre em araçazeiro, cajueiro, caramboleira, goiabeira, laranjeira, mangueira, melancia, melão, romã e tangerina (Medina et al., 1980). O inseto adulto mede aproximadamente 20 mm de comprimento e tem coloração escura, com o pronoto pardo-avermelhado e hemiélitros com uma linha transversal em ziguezague, de cor amarela (Gallo et al., 2002).

Anisosceles sp. é bastante encontrado nos maracujazeiros do país e vem aumentando sua importância ao longo dos últimos anos. O adulto mede cerca de 20 mm de comprimento e apresenta expansões nas tíbias posteriores, semelhantes às existentes em *D. bilineatus*, porém diferenciando-se deste por possuir o corpo mais delgado e pela ausência das duas linhas longitudinais alaranjadas que saem da cabeça e vão até o escutelo (Boiça Jr., 1998).

Gargaphia lunulata e *Corythaica monacha* são conhecidos como percevejos-de-renda e tanto na fase ninfal quanto na fase adulta sugam a seiva e injetam toxinas nas folhas, provocando sua descoloração em função da degradação da clorofila. São insetos pequenos, com 2 a 3 mm de comprimento e asas rendilhadas, e localizam-se na face inferior das folhas do maracujazeiro (Picanço et al., 2001). *G. lunulata* é um percevejo comum no Nordeste do Brasil, sendo considerado praga importante do maracujazeiro no estado do Ceará (Gallo et al., 2002).

Ácaros

As principais espécies que atacam o maracujazeiro são o ácaro da leprose, *Brevipalpus phoenicis*, o ácaro branco, *Polyphagotarsonemus latus* e os ácaros tetraniquídeos, *Tetranychus mexicanus* e *T. desertorum*. Estes ácaros localizam-se na face abaxial das folhas, onde sugam a seiva, causando desordem fisiológica pelas toxinas injetadas nos tecidos, provocando má formação, amarelecimento e morte das folhas (Flechtmann, 1977; Picanço, 2001; Boiça Jr., 1998).

P. latus ocorre em condições de temperatura e umidade elevadas, enquanto que *B. phoenicis*, *Tetranychus mexicanus* e *T. desertorum* ocorrem em condições de elevada temperatura e baixa precipitação (Oliveira, 1987; Brandão et al., 1991).

Tripes

Os tripes atacam, preferencialmente, os botões florais, flores e frutos novos. Nos frutos causam lesões superficiais na casca, o que deprecia a qualidade e afeta o preço de comercialização do produto (São José, 1993).

Broqueadores do caule

Philonis passiflorae, conhecido como broca-da-haste do maracujazeiro, é um besouro com 5 a 7 mm de comprimento, com cabeça e protórax marrons e élitros esbranquiçados. As fêmeas perfuram as hastes e, nestes orifícios, colocam seus ovos. Suas larvas são brancas, ápodas, com aparelho bucal mastigador, e desenvolvem-se no interior dos ramos do maracujazeiro, formando galerias longitudinais. A fase larval dura mais de 30 dias e, ao final desta, constroem uma câmara pupal, onde se transformam em pupas. Como as larvas broqueiam os ramos, acabam provocando seu secamento e impedindo o desenvolvimento da planta (Rosseto et al., 1978; Debortoli & Busoli, 1983; Brandão et al., 1991; Ruggiero et al., 1996; Gallo et al., 2002).

Também se têm observado, broqueando o caule do maracujazeiro, larvas do besouro *Stenygra conspícua* e lagartas, cujas espécies ainda não foram identificadas (Piza Jr., 1991; Silva, 1996).

Vaquinhas

As vaquinhas são coleópteros que, na fase adulta, são desfolhadores. A principal espécie que ataca o maracujazeiro é *Cacoscelis* sp., mas também são encontradas *Epicauta atomaria, Acalymma* sp. e *Diabrotica speciosa*. Os adultos destes coleópteros geralmente perfuram as folhas, mas em condições de alta população podem provocar desfolha generalizada, deixando apenas as nervuras das folhas (Picanço et al., 2001).

Epicauta atomaria, vulgarmente chamado de "burrinho", é uma praga polífaga, que também se alimenta de batata, tomateiro e outras solanáceas e plantas hortícolas. O adulto é um besouro com cerca de 8 a 17 mm de comprimento, de coloração cinza e pontos pretos distribuídos pelos élitros, com uma constrição após a cabeça (Gallo et al., 2002). *Diabrotica speciosa*, comumente chamado de "brasileirinho" ou "patriota" é um besouro de coloração verde, com 5 a 6 mm de comprimento, de cabeça castanha, tendo em cada élitro três manchas amareladas. A fêmea faz a postura no solo, de onde eclodem as larvas de coloração branco-leitosa que, completamente desenvolvidas, medem cerca de 10 mm de comprimento (Gallo et al., 1988).

Acalymma sp. é um besouro que na fase adulta mede 7 mm de comprimento e apresenta coloração amarela vitrificada na cabeça e escura no tórax e abdome. Os olhos são grandes, pretos e salientes (Teixeira, 1995).

Cacoscelis sp. é conhecido como vaquinha do maracujá e ataca, preferencialmente, o maracujá doce. Os adultos são besouros de 7 a 10 mm de comprimento e corpo convexo, cuja coloração é castanho-avermelhada. As fases de ovo, larva e pupa ocorrem nas raízes (Picanço et al., 2001).

Cyclocephala melanocephala é vulgarmente chamado de coleóptero-das-flores, medindo 11 mm de comprimento, com a cabeça e o protórax vermelho-ferrugíneo e os élitros marrom-amarelados. São insetos polífagos, sendo que os adultos atacam folhas novas e flores do maracujazeiro durante a noite. Durante o dia, escondem-se dentro das flores, já tendo sido encontrados até 12 besouros numa única flor (Teixeira, 1995; Gallo et al., 2002).

Pulgões

As principais espécies que atacam o maracujazeiro são *Aphis gossypii* e *Mysus persicae*. *A. gossypii* apresenta coloração variando do amarelo claro ao verde-escuro, enquanto *M. persicae* apresenta coloração geral verde-clara na forma áptera e verde, com cabeça, antena e tórax preto, na forma alada. Ambas as espécies medem até 2 mm de comprimento e vivem sob as folhas e brotos novos, sugando a seiva. Sua capacidade reprodutiva é enorme, e em regiões tropicais, processa-se exclusivamente por partenogênese telítoca, sendo tanto as formas aladas quanto as ápteras constituídas de fêmeas que dão origem a ninfas (Picanço et al., 2001; Gallo et al., 2002).

Os pulgões sugam a seiva, provocando murchamento e secamento das plantas, encarquilhamento de folhas e deformação de brotações. São também vetores de viroses, como o PWV (*Passion fruit wooddiness*), causador do endurecimento dos frutos, e do CMV (*Cucumber mosaic virus*) (Kitajima et al., 1986; Novaes et al., 2000).

Abelhas

As espécies praga do maracujazeiro no Brasil são a abelha-cachorro ou irapuá, *Trigona spinipes*, e a abelha doméstica, *Aphis melífera* (Picanço et al., 2001).

A abelha doméstica, na grande maioria das culturas, é um inseto benéfico, associado à polinização. Em maracujazeiro, ela se torna uma temida praga por coletar o néctar e pólen, mas, por causa de seu pequeno tamanho, não consegue efetuar o contato do pólen com o estigma. Em conseqüência não ocorre a fecundação, o que resulta na queda dos botões poucos dias após a abertura. Por outro lado, as flores visitadas por *A. melífera* não são atrativas às mamangavas (*Xylocopa* sp.), que são polinizadoras eficientes do maracujazeiro, o que pode resultar na perda quase total das floradas (Boiça Jr., 1998).

A abelha irapuá perfura a câmara nectarífera das flores antes da antese para retirada de néctar e também ataca as brotações em busca de substâncias resinosas (Picanço et al., 2001; Gallo et al., 2002).

Lagartas

As lagartas desfolhadoras, freqüentes no maracujazeiro amarelo, praticamente não são relatadas causando danos ao maracujazeiro doce (Vasconcelos, 2000). No caso do maracujá amarelo, as principais espécies que atacam a cultura no país são *Dione juno juno* e *Agraulis vanillae vanillae*. Além destas duas espécies, também são encontradas atacando o maracujazeiro amarelo, *Josia fulvia, J. mononeura, Castnia* sp., *Dryadula phaetusa, Eueides aliphera, E. Isabela, Euptoieta Claudia, Heliconius ethilla, H. erato, H. sara, H. silvana, Phiaethria dido, P. wernickei, Automeris comoplicata, Spodoptera frugiperda* e *S. eridanea* (Silva et al., 1968; Sampaio, 1980; Manica, 1981).

As lagartas causam desfolha das plantas, o que reduz sua área fotossintética e compromete a produtividade e o teor de suco nos frutos. Além de consumir as folhas, podem atacar brotações novas, botões florais e flores (Boiça Jr., 1998).

A lagarta *Azamora penicillana*, conhecida como lagarta-de-teia ou lagarta-do-capote, aloja-se em abrigos formados por dobras nas folhas, as quais são unidas pela teia produzida pelo inseto. O inseto adulto é uma pequena mariposa pardacenta com várias manchas na asa anterior. As lagartas atingem 25 mm de comprimento e são de coloração esbranquiçada. Embora se alimentem das folhas, os maiores danos são provocados pelo efeito fitotóxico do líquido esverdeado expelido pela lagarta sobre as folhas e ramos novos (Santos & Costa, 1983; Francelli, 1995).

Referências bibliográficas

AMARAL FILHO, B.F. do, STORTI FILHO, A. Estudos biológicos sobre *Leptoglossus gonagra* (Fabricius, 1775) (Coreidae, Hemíptera) em laboratório. *Anais da Sociedade Entomológica do Brasil*, Itabuna, v.5, n.2, p.130-7, 1976.

BERGAMIN, J. É fácil o combate às pragas do maracujá. *Brasil-Oeste*, v.10, n.101, p.27, 1965.

BOIÇA JÚNIOR, A.L. Pragas da cultura do maracujazeiro. In: RUGGIERO, C. (Ed.). *Maracujá do plantio à colheita. Simpósio Brasileiro sobre a cultura do maracujazeiro*, 5, Jaboticabal. *Anais...* Jaboticabal; Unesp, p.175-203, 1998.

BRANDÃO, A.L.S., SÃO JOSÉ, A.R., BOARETTO, M.A.C. Pragas do maracujazeiro. In: SÃO JOSÉ, A.R. (Ed.). *A cultura do maracujá no Brasil*. Jaboticabal: Funep, p.136-68, 1991.

CAVALCANTE, R. O maracujá (*Passiflora edulis*). *Correio Agrícola*, v.1, p.11-4, 1970.

CHACÓN, P., ROJAS, M. Entomofauna asociada a *Passiflora mollissima, P. edulis* f. *flavicarpa* y *P. quadrangularis* en el Departamento del Valle del Cauca. *Turrialba*, v.34, n.3, p.297-311, 1984.

CHIAVEGATO, L.G. *Teognis gonagra*, praga do maracujá. *O Agronômico*, v.15, n.11/12, p.31-6, 1963.

CARVALHO, A.M. de. *Noções básicas para a produção do maracujá*. Campinas, IAC, 1969. 9p.

DEBORTOLI, S.A., BUSOLI, A.C. Pragas do maracujazeiro. In: RUGGIERO, C. *Maracujá*. Ribeirão Preto: Legis Summa, p.111-23, 1987.

FADINI, M.A.M., SANTA-CECÍLIA, L.V.C. Manejo integrado de pragas do maracujazeiro In: *A cultura do maracujazeiro. Informe Agropecuário*, v.2, n.206, p.29-33. Belo Horizonte: Epamig, 2000.

FLECHTMANN, C.H.W. *Ácaros de importância agrícola*. 2 ed. São Paulo, Nobel, 1977. 189p.

FRANCELLI, M. *A lagarta de teia do maracujazeiro*. Cruz das Almas: Embrapa-CNPMF, 1995. 2p. (Embrapa-CNPMF, Maracujá em Foco, 54).

FRANCELLI, M., MESQUITA, A.L.M. Pragas do maracujazeiro. In: BRAGA SOBRINHO, R., CARDOSO, J.E., FREIRE, F.C.O. (Ed.). *Pragas de fruteiras tropicais de importância agroindustrial*. Brasília: Embrapa-SPI; Fortaleza-CNPAT, p.169-80, 1998.

GALLO, D. et al. *Manual de entomologia agrícola*. São Paulo: Agronômica Ceres, 669p, 1988.

GALLO, D. et. al. *Entomologia agrícola*. Piracicaba: FEALQ, 920p, 2002.

HERNÁNDEZ, M.R. de, ULLOA, P.C. de, TROCHEZ, A. Evaluacion de la proteina hidrolizada de maiz para la captura de *Lonchaea cristula* (Diptera: Lonchaeidae) plaga de la curuba en el Valle del Cauca. *Revista Colombiana de Entomologia*, v.11, n.2, p.47-50, 1985.

KITAJIMA, E.W., CHAGAS, C.M., CRESTANI, O. Enfermidades de etiologia viral e associadas a organismos do tipo micoplasma em maracujazeiros no Brasil. *Fitopatologia brasileira*, Brasília, v.11, p.409-32, 1986.

LORDELLO, L.G.E. Insetos que vivem sobre o maracujazeiro. III – Notas acerca de *Dione juno juno* (Cramer) (Lep., Nymphalidae) e relação de alguns outros insetos habitualmente coligidos de *Passiflora* spp. *Revista de Agricultura*, v.29, n.1/2, p.23-9, 1954.

MANICA, I. Doenças e pragas. In: *Fruticultura tropical 1. Maracujá.* São Paulo: Agronômica Ceres, 1981, p.113-21.

MARICONI, F.A.M. O percevejo do maracujá *Diactor bilineatus. O Biológico,* v.18, p.116-20, 1952.

MEDINA, J.C. et al. *Maracujá:* da cultura ao processamento e comercialização. Campinas: Ital, 1980. 207p. (Série Frutas Tropicais, 9).

NOVAES, Q.S. et al. Doenças causadas por vírus e fitoplasma em maracujazeiro. In: A cultura do maracujazeiro. *Informe Agropecuário,* v.2, n.206, p.39-51. Belo Horizonte: Epamig, 2000.

OLIVEIRA, C.A.L. de. Ácaros. In: RUGGIERO, C. *Cultura do maracujazeiro.* Ribeirão Preto: Legis Summa, p.104-10, 1987.

PICANÇO, M., GONRING, A.H.R., OLIVEIRA, I.R. Manejo integrado das pragas. In: MANICA, I. (Ed.), *Maracujá:* tecnologia de produção, pós-colheira, agroindústria, mercado. Porto Alegre: Cinco Continentes, p.189-242, 2001.

PIZA JÚNIOR, C.T. *A cultura do maracujá.* Campinas: SAA/CATI, 1991. 71p.

RIZZI, L.C. et al. *Cultura do maracujá-azedo.* Campinas, CATI, 54p, 1998. (Boletim Técnico, 235).

ROSSETTO, C.J. et al. Insetos do maracujazeiro, *Passiflora* spp. In: SIMPÓSIO SOBRE A CULTURA DO MARACUJÁ, 1, 1974, Campinas. *Anais...* Campinas: SBF/CATI, 1974.

ROSSETO, C.J. et al. Ocorrência de *Philonis* sp. (Coleóptera: Curculionidae) como praga do maracujazeiro. *Ciência e Cultura,* São Paulo, v.30, n.7, p.9, 1978 (suplemento).

RUGGIERO, C. et al. *Maracujá para exportação:* aspectos técnicos da produção. Brasília: Embrapa, 1996. 64p. (Frupex).

SANTOS, E. Inimigos e doenças do maracujazeiro. *Lavoura e criação,* 139p, 1961.

SANTOS, Z.F.A.F., COSTA, J.M. da. *Pragas da cultura do maracujá no estado da Bahia.* Salvador: Emater/Epaba, 1983.

SAMPAIO, A.S. Pragas do maracujazeiro. In: RUGIERO, C. *A cultura do maracujazeiro.* Jaboticabal: Unesp, 1980, p.77-81.

SÃO JOSÉ, A.R. *A cultura do maracujazeiro:* práticas de cultivo e mercado. Vitória da Conquista, BA, DFZ/UESB, 1993. 29p.

SILVA, A.G.A. et al. *Quarto catálogo dos insetos que vivem nas plantas do Brasil, seus parasitos e predadores.* Rio de Janeiro, Ministério da Agricultura. T.2, 622p., 1968.

SILVA, M.M. *Influência de abelhas na polinização e de agrotóxicos na germinação do pólen do maracujazeiro (Passiflora edulis* f. *flavicarpa* Deg.*).* Viçosa, 1996, 59p. Dissertação (Mestrado em Agronomia), Universidade Federal de Viçosa.

STEYSKAL, G.C. Two-winged flies of the genus *Dasiops* (Diptera: Lonchaeidae) attacking flowers of fruit of species of *Passiflora* (passion fruit, granadilla, curuba etc.). *Proceedings of the Entomological Society of Washington,* v.82, n.2, p.166-70, 1980.

TEIXEIRA, C.G. *Maracujá:* cultura, matéria-prima, processamento e aspectos econômicos. Campinas: Ital, 1995. 267p. (Série Frutas Tropicais, 9).

ZUCCHI, R.A. Moscas-das-frutas (Dip., Tephritidae) no Brasil; taxonomia, distribuição geográfica e hospedeiros. In: ENCONTRO SOBRE MOSCAS-DAS-FRUTAS, 1, 1988, Campinas. *Anais...* Campinas: Fundação Cargill, 1988, p.1-10.

10
Doenças da parte aérea

Luciana Maestro Borges[1]

O Brasil destaca-se como o primeiro produtor mundial de maracujá. Entretanto, verifica-se uma baixa produtividade por área cultivada que pode ser explicada por fatores nutricionais, plantas matrizes de qualidade inferior, sistemas de produção inadequados, e também por problemas fitossanitários que aumentaram paralelamente com a expansão da cultura. Dentre esses problemas, as doenças podem tornar-se fator limitante para o cultivo do maracujazeiro, uma vez que a maioria, quando não controladas eficientemente, causa danos irreparáveis na cultura, acarretando prejuízos altíssimos para o produtor (Dias Carvalho, 2000).

Os produtores vêm concentrando esforços para controlar apenas as doenças de etiologia conhecida, pois, além de reduzir a produtividade e matar plantas, essas doenças mancham ou deformam o fruto, depreciando-os (Zambolin, 2002).

As espécies de maracujá mais cultivadas no Brasil são *Passiflora edulis* f. *flavicarpa* Deg. (maracujá-azedo) e *Passiflora alata* Dryand (maracujá-doce). Ambas podem ser afetadas por várias doenças. Entre estas, as mais importantes são:

---

1 Engenheira agrônoma, doutoranda em Proteção de Plantas na Faculdade de Ciências Agronômicas da Unesp, campus de Botucatu.

- antracnose (*Colletotrichum gloeosporioides*)
- bacteriose (*Xanthomonas campestris* pv. *passiflorae*)
- verrugose ou cladosporiose (*Cladosporium* spp.)
- septoriose (*Septoria passiflorae*)
- murcha ou fusariose (*Fusarium oxysporum* f.sp. *passiflorae*)
- podridão de raízes (*Fusarium solani*)
- virose do endurecimento do fruto (*Passion fruit woodiness virus*).

Destas, somente a septoriose e a cladosporiose não afetam o maracujazeiro-doce. Além dessas doenças, vem ocorrendo também a "morte precoce do maracujazeiro". As causas desta doença ainda não estão esclarecidas, mas se acredita que o esgotamento repentino das reservas da planta, em função da alta produtividade e da incapacidade do sistema radicular em repô-las, seja a causa principal. Assim, a planta torna-se vulnerável ao ataque de vários patógenos, que determinam, rapidamente, sua morte (Zambolin, 2002).

A espécie *Passiflora alata* Dryand, conhecida como maracujá-doce, maracujá-de-refresco, maracujá-de-comer, maracujá-alado (Medina, 1980) ou maracujá-guaçu (Leitão Filho & Aranha, 1974), é considerada nativa do Brasil e caracteriza-se por apresentar frutos com elevado valor nutritivo, boas qualidades gustativas, tamanho e aparência externa de grande aceitação, mostrando ser uma opção apropriada para ocupar não somente mercado interno, no qual seus frutos atingem de R$ 0,50 a 1,00/unidade, como também o mercado externo *in natura* (Vansconcellos, 1991).

De acordo com Kavati et al. (1998), a área cultivada com maracujá-doce é estimada em cerca de 200 ha, com uma produtividade média de 25 a 30 toneladas por hectare. Contudo, constatam-se plantios com produtividade pelo menos duas vezes superior a média.

Segundo Vasconcellos (2000), atualmente, a bacteriose e a antracnose têm sido os fatores limitantes para a exploração contínua do maracujazeiro-doce em determinadas regiões, notadamente nos estados de São Paulo e do Paraná. Outras doenças como antracnose e cladosporiose também são importantes, devendo o produtor estar atento ao seu aparecimento, visto ser o maracujazeiro-doce suscetível a elas. Com relação à morte prematura e fusariose, o maracujazeiro-doce comporta-se com tolerância a estes problemas, com tendência a ser mais efetiva quando se utiliza material nativo de *P. alata* como porta-enxerto.

As doenças que ocorrem na cultura do maracujá-doce podem ocasionar grandes danos, tanto no aspecto qualitativo como quantitativo, pois afetam o desenvolvimento da planta e sua produtividade, além de reduzir a vida útil das plantas.

A seguir são descritas as principais doenças da parte aérea do maracujá-doce que afetam a cultura no Brasil. Para o controle destas doenças normalmente se faz a mesma recomendação indicada para o maracujazeiro-amarelo.

Antracnose (*Colletotrichum gloeosporioides*)

Doença causada por *Colletotrichum gloeosporioides* na forma imperfeita, sendo na fase sexual *Glomerella cingulata*. É considerada por Yamashiro (1978) uma doença cosmopolita no Brasil, atacando todos os órgãos do maracujazeiro, com maior incidência nas estações quentes e chuvosas, assim como a bacteriose.

Essa doença é uma ameaça de perigo às plantas, e sua ocorrência é muito comum. Em épocas quentes e chuvosas, na ausência de controle, causa intensa desfolha, seca de ramos e apodrecimento de frutos, que também pode ocorrer em pós-colheita, acarretando grandes danos. Na região úmida do Ceará, em plantios não-tratados, 80% das plantas podem morrer no segundo ano (Torres Filho, 1983). A doença ocorre em diversas espécies de *Passiflora* (Francisco Neto et al., 1995). Seu agente etiológico é *Glomerella cingulata* (B.M. Stoneman) P. Spaulding e H. von Schrenk (anam.: *Colletotrichum gloeosporioides* [O.A.J. Penzig] O.A.J. Penzjg e P.A. Saccardo).

A doença ataca todos os órgãos da parte aérea. Nos ramos surgem lesões necróticas de cor clara, deprimidas, podendo envolver toda a sua circunferência e resultar no seu secamento no sentido distal-basal ("*die-back*"). Seus sintomas ocorrem em maior intensidade em tecidos maduros, com lesões enormes e uniformes;

quando ocorre nos frutos, as lesões chegam a atingir a parte interna (Yamashiro et al., 1973).

Nas folhas maduras, os sintomas são manchas claras, passando para pardas, circulares, com bordos verde-escuros; depois para pardo-escuras, e geralmente no meio do tecido morto aparecem diminutas áreas brancas ou acinzentadas com rachaduras (Carvalho, 1975).

Nos ramos, são manchas alongadas, descoloridas que se transformam em cancros, expondo os tecidos do lenho, podendo rodear completamente o ramo, causando morte dos ponteiros (Manica, 1981).

Nos frutos mais novos, a antracnose apresenta-se em forma de grandes manchas de aspecto oleoso, que com a evolução toma a cor pardacenta, formando uma placa corticosa, deprimida e murcha, que em condições favoráveis pode exibir círculos concêntricos de pontuações, que constituem o sistema de frutificação do fungo (acérvulos). Nos frutos maduros, essas manchas deprimidas tornam-se de coloração negra, podendo apresentar os acérvulos; nesse estágio é freqüente o micélio encontrar-se no interior da polpa, ocasionando sua fermentação. Necessita de mais água que a bacteriose para sua disseminação e também pode provocar "*die back*" nas plantas atacadas (Yamashiro et al., 1973).

Segundo Yamashiro (1987), no outono é comum observar a fase teleomórfica do patógeno em amostras oriundas da região Sudeste e Sul. Contudo, esses sinais do fungo podem ser causa de diagnóstico errado, pois o patógeno pode estar presente em lesões mais velhas de outras doenças, ou essas mesmas lesões podem apresentar, com freqüência, isolados saprófitas de *C. gloeosporioides.*

Em mudas, o período de incubação é de seis dias (Francisco Neto et al., 1995). O fungo sobrevive em restos culturais e tecidos infectados na própria planta. Sua dispersão, dentro da lavoura, ocorre principalmente por meio de respingos de chuva e de irrigação por aspersão.

A doença é favorecida por alta umidade (principalmente associada com chuva) e temperatura média por volta de 26 a 28^{0}C (Yamashiro et al., 1973), ocorrendo com maior intensidade no período chuvoso ou, dependendo da região, restringindo-se a esse período. A ocorrência de pomares desfolhados é comum em março e abril na região

Sudeste, devido à alta intensidade da doença nos períodos chuvosos de dezembro a fevereiro (Yamashiro, 1987). No Ceará, embora a doença seja de ocorrência generalizada na região serrana, nas regiões semi-áridas tem sido severa somente nos cultivos irrigados por aspersão (Ponte, 1996).

A incidência de crestamento bacteriano (Ponte, 1996), infestação por nematóides em *P. edulis* (Kuhne, 1968), injúrias mecânicas, estresse hídrico e deficiências nutricionais predispõem a planta à doença. Quanto maior a massa vegetativa das plantas, maior é a dificuldade de controle.

Para o controle da antracnose, Dias (2000) recomenda o uso de mudas sadias, a adoção de um sistema de tutoramento, que permita um bom arejamento da parte aérea da planta, a poda de limpeza para a eliminação das partes afetadas pela doença e aplicações dos fungicidas Folicur 200 CE (tebuconazole), na dosagem de 100 ml/100 l de água, e Agrimaicin-500 (oxitetraciclina + sulfato trib. de cobre), na dosagem de 300 g/100 l de água; essas são práticas indispensáveis no controle da doença.

Bacteriose (*Xanthomonas campestris* pv. *passiflorae*)

Os agentes causais dessa doença são duas bactérias. Estudos realizados por Baigent & Starr (1963) relatam a presença da doença na Nova Zelândia entre 1961 e 1962, mas depois foi identificada como *Pseudomonas passiflorae*. No Brasil, embora existam pesquisadores relatando a presença dessa bactéria, Manica (1981) e Perreira (1969) relatam a presença de uma nova doença bacteriana do maracujá. Após vários estudos de laboratório, concluiu tratar-se de bactéria do gênero *Xanthomonas* e propôs-se o nome de *Xanthomonas passiflorae;* já Yamashiro (1978) considera que no Brasil exista apenas essa espécie.

Os sintomas típicos da bactéria causada por *Xanthomonas passiflorae* aparecem principalmente nas partes tenras dos tecidos com sintomas de suas lesões individualizadas, inutilização dos frutos para o consumo, queda das folhas, ramos e morte das plantas. Nas folhas aparecem áreas bem delimitadas, verde-escuras, úmido-aquosas, de aspecto oleoso e translúcidas; a partir daí as manchas tornam-se pardo-escura na face inferior e, em seguida, ocorre o secamento total das folhas. Podem atingir o pecíolo e ramos, sendo que nos ramos novos ocorre secamento progressivo bem delimitado, aparecendo caneluras longitudinais e escurecimento dos vasos vasculares. Nos frutos, observa-se pequenas áreas verde-escuras, úmido-aquosas evoluindo para áreas oleosas, de cor parda, superficiais, necróticas, formando uma crosta dura (Pereira, 1969). Segundo Yamashiro (1980), ataca as partes vegetativas em qualquer fase de desenvolvimento e ocorre mais na estação chuvosa e quente. No estágio final do ataque provoca "*die back*" deixando vivo apenas tronco e ramos mais grossos.

Leão (1972) afirma que a bacteriose é a principal responsável pela redução da longevidade no Nordeste. Geralmente, após um ano e meio de instalada a cultura, tem início o ataque da doença.

Quando a bacteriose é provocada por *Pseudomonas passiflora,* raramente ocorre nas folhas e nos ramos. O ataque é de alta incidência nos frutos verdes com pequenas áreas verde-escuras, desenvolvendo-se para lesões necróticas, de aspecto graxa, de cor bronzeada a pardo-escura, formando depois uma crosta endurecida na casca (Baigent & Starr, 1963).

Segundo Dias (2000), o controle químico da bacteriose é o que tem dado melhores resultados, apesar de que as práticas de prevenção da doença devam ser adotadas, como a aquisição de mudas e sementes sadias. São recomendadas pulverizações com os fungicidas cúpricos e com antibiótico. Encontram-se no mercado dois bactericidas registrados para o controle da bacteriose no maracujazeiro, o Agrimaicin-500 (oxitetraciclina + sulfato trib. de cobre) na dosagem de 300 g/100 l de água, e a Agrimicina (oxitetraciclina + estreptomicina) na dosagem de 240 g/100 l de água. As aplicações devem iniciar logo com o aparecimento dos primeiros sintomas e ser repetidas semanalmente de acordo com a incidência da doença.

Figura1 Fruto com sintoma severo de bacteriose.

Mancha Parda ou Alternariose (*Alternaria passiflora* e *Alternaria alternata*)

Desenvolve-se bem em regiões produtoras de maracujá com temperatura e umidade relativa elevadas. Doença causada pelo fungo *Alternaria passiflorae,* provoca uma enfermidade chamada comumente de mancha-parda (Piza Jr., 1966).

Aragaki et al. (1969) consideram-na a doença mais grave do maracujazeiro no Hawai, podendo atacar folhas, frutos e ocasionalmente os ramos, sendo que o dano maior ocorre quando a doença afeta o fruto, tornando-o imprestável.

Segundo Dias (2000), essa doença é citada em livros e boletins sobre a cultura, dando a impressão de que sua ocorrência é comum. No entanto, não há nenhum relato completo de sua ocorrência no país que descreva sintomas, danos, características morfológicas do fungo e detalhes da efetivação dos testes de patogenicidade. Ponte (1993) citou sua ocorrência em diversos estados da região Nordeste. Aparentemente, não há nenhum outro relato de ocorrência ou estudo sobre essa doença no país.

Os sintomas nas folhas são pequenas manchas pardo-avermelhadas que aumentam de diâmetro de acordo com a umidade, formando uma série de anéis concêntricos, provocando anelamento da casca, impedindo a circulação da seiva (Carvalho, 1975). Uma única mancha pode ser suficiente para determinar sua queda, e casos de infecções moderadas podem ocasionar uma intensa desfolha com graves prejuízos para a produção (Piza Jr., 1966).

Nos ramos, os sintomas são observados, com mais freqüência, próximos ao ponto de inserção do pecíolo das folhas, apresentando-se sob a forma de lesões pequenas e alongadas e de coloração escura. Sob condições favoráveis, pode ocasionar secamento e morte dos ramos. Nos frutos afetados, formam-se manchas ligeiramente circulares, de cor pardo-avermelhadas e com diâmetro superior a 1 cm. Essas infecções normalmente ocorrem em frutos já em fase adiantada de desenvolvimento. Além da desfolha, a doença deprecia a qualidade comercial dos frutos (Goes, 1998).

As medidas de controle culturais e preventivas indicadas para as outras doenças foliares, associadas ao uso de fungicidas, apresentam bons resultados no controle da mancha-parda. Os fungicidas recomendados são: Cobre Sandoz BR, na dosagem de 240 g/100 l de água, e Copidrol PM, na dosagem de 280 g/100 l de água. Estes produtos devem ser aplicados logo no início do aparecimento dos sintomas, geralmente nas épocas mais úmidas. As aplicações devem ser repetidas em intervalos de 7 a 14 dias, de acordo com a intensidade dos sintomas (Dias, 2000).

Podridão floral do maracujazeiro (*Rhizopus stolonifer*)

Segundo Rezende & Junqueira (1997), *Rhizopus stolonifer* (C.G. Ehrenberg: E.M. Fries) J.P. Vuillemin foi patogênico a botões florais e flores de *P. alata* Dryander (maracujá-doce) no Distrito Federal. Goes (1998) relata que a doença ocorre também em São Paulo, em Minas Gerais e no Pará.

Os sintomas caracterizam-se inicialmente pela presença de manchas de aspecto encharcado e escuras sobre sépalas e pétalas e, posteriormente, sobre todo o botão floral. Dado ao rápido crescimento vegetativo e reprodutivo do fungo, observa-se no interior do botão floral a presença de micélio cinza-escuro, contendo frutificações escuras do fungo. Os botões florais tornam-se putrificados e caem com facilidade, mantendo-se apenas a presença de sépalas e do pedúnculo na planta. Sob condições favoráveis à doença, o controle tem sido dificultado e, dentre os produtos testados, apenas o tebuconazole tem demonstrado eficiência mais satisfatória. Há, portanto, necessidade de estudos mais pormenorizados sobre o agente causal e a doença (Goes, 1998).

Virose do endurecimento do fruto (*Passion fruit woodiness virus*)

É um potyvirus originalmente descrito na Austrália (Taylor & Greber, 1973) e já encontrado em várias outras regiões do mundo (Kitajima et al., 1986), inclusive, recentemente, no Japão (Iwai et al., 1996). No Brasil, foi encontrado inicialmente na região de Feira de Santana (Yamashiro & Chagas, 1979; Chagas et al., 1981), tanto em maracujá-amarelo *(Passiflora edulis)* como em *P. alata*.

A transmissão natural do PWV em campo dá-se por meio de afídeos, sendo a relação vírus-vetor do tipo não-persistente (Taylor & Greber, 1973). Estudos preliminares de Costa et al.(1995) demonstraram que *Myzus persicae, Aphis gossypii, A. solanella, Toxoptera citricidus, Uroleucon ambrosiae* e *U. sonchii* transmitiram PWV em condições experimentais, mas não as espécies *A. craccivora, Hyperomyzus* sp. e *Brevicoryne brassicae.*

Segundo Rezende (1994), experimentalmente, a transmissão mecânica é relativamente fácil, sendo transmitida para várias espécies de maracujazeiro. Em outras espécies, como *Chenopodium amaranticolor* Coste & Reyn, *C. Quinoa* Willd. e *P. Vulgaris* (cvs. Jalo e Manteiga), o PWV causa apenas lesões locais nas folhas inoculadas. Além do maracujazeiro, o PWV é capaz de infectar sistematicamente alguns feijoeiros, amendoim, centrosema, entre outras espécies de leguminosas. Até o momento não há evidência sobre o papel dessas hospedeiras na epidemiologia do endurecimento dos frutos do maracujazeiro. Segundo Kitajima (1998) não há relatos de fontes de resistência em plantas do gênero *Passiflora* para PWV.

Os sintomas de mosaico são de intensidade variada, induzindo embolhamento nas folhas nos casos mais severos. Frutos de plantas afetadas usualmente são deformados e podem apresentar sua casca bastante endurecida e sem valor comercial. A longevidade das plantas atacadas também é reduzida (Kitajima, 1998). Plantas de maracujazeiro infectadas com o PWV apresentam sintomas generalizados de mosaico foliar, com intensidade variável, podendo vir acompanhado de manchas-anelares, bolhas, rugosidade e deformações do limbo foliar. As plantas afetadas podem apresentar ainda o crescimento retardado, bem como encurtamento dos entrenós. Os frutos podem ficar deformados e menores do que os produzidos por planta sadia, o pericarpo fica com espessura irregular e consistência endurecida, havendo redução na cavidade da polpa (Rezende, 1994).

Segundo Giorgia (1999) foi detectada incidência de 71,8% das plantas avaliadas com PWV em maracujazeiros na região de Alta Paulista (São Paulo). A predominância desse vírus em Alta Paulista pode ser extensiva para outras áreas que cultivam essa frutífera no estado (Novaes et al., 2000). De acordo com Simmonds (1959), citado por Kitajima (1998), na Austrália, o controle tem sido feito com uso de premunização com estirpes fracas; no Brasil, Rezende (2004, informação pessoal), na Esalq, está pesquisando essa possibilidade, mas os estudos estão em fase inicial.

Também já foram apontadas linhas de trabalho para o desenvolvimento de métodos de controle por meio de resistência ou tolerância (Chagas et al., 1992; Kitajima et al., 1986 e Novaes & Rezende, 1999); além da premunização com estirpes fracas do vírus e práticas culturais que possam minimizar a incidência e a disseminação da doença (Rezende, 1994).

A eliminação sistemática de plantas de maracujazeiro infectadas pelo PWV, durante os seis a oito primeiros meses após o plantio, em pomares adensados, pode ser uma forma de reduzir os danos quantitativos e qualitativos da produção e vem sendo avaliada na região de Alta Paulista (Novaes et al., 2000). Um suporte para essa proposta encontra-se nos estudos realizados por Gioria (1999): em condições de campo, plantas infectadas aos dois, quatro e seis meses após o plantio, apresentaram redução de produção de 80%, 74% e 41%, respectivamente, durante cinco meses de colheita, quando comparadas com plantas infectadas somente aos oito meses após o plantio. Isso confirma que quando mais tarde ocorrer a infecção das plantas, maior será o índice de área foliar e, conseqüentemente, maior a produção de frutos comerciais. Neste trabalho também foram avaliados os danos causados pelo PWV ao desenvolvimento e à produção das plantas.

Referências Bibliográficas

ARAGAKI, M., NAKATA, S. & LONG, C. The etiology, including nutricional considerations, of passion fruit brown spot in Hawaii. *Plant Disease Reporter*, 53 (10): 789-92, 1969.

BAIGENT, N. L. & STARR. M. P. Bacterial Grease Spot Disease of Passion Fruit. *New Z. J. Agric. Res.*, p.6(1-2): 24-38, 1963.

CARVALHO, A. M. de. Fruticultores, pragas e doenças aumentam seu interesse pelo maracujá. *Correio Agrícola*, 1:11-4, 1975.

CHAGAS, C. M. et al. Grave moléstia do maracujá-amarelo (*Passiflora edulis* f. *flavicarpa* Deg) no estado da Bahia causada por um isolado do vírus do "*woodiness*" do maracujá. *Fitopatologia Brasileira*, Brasília, v.6, p.259-68, 1981.

__________. Ocorrência do endurecimento do fruto do maracujazeiro (VEFM) no estado de São Paulo. *Revista Brasileira de Fruticultura*, Cruz das Almas, v.14, p.187-90, 1992.

COSTA, A. F., BRÁS, A. S. K., CARVALHO, M. G. Transmissão do vírus do endurecimento dos frutos do maracujazeiro (VEFM) por afídeos (Hemiptera-Aphididae). *Fitopatologia Brasileira*, Brasília, v.20, p.376, 1995 (res.).

DIAS CARVALHO, M. S. Principais doenças fúngicas e bacterianas do maracujazeiro. *Informe Agropecuário*. v.21, n.206, Belo Horizonte: Epamig, p.34-8, 2000.

FRANCISCO NETO, E. et al. Influência da idade da folha, da luz e do método de inoculação na infecção de *Passiflora* por *Colletotrichum gloeosporioides*. *Summa Phytopathologica*, v.21, n.1, p.25-30, 1995.

GIORGIA, R. *Viroses do maracujazeiro*: incidência na Alta Paulista-SP; danos causados pelo "*Passion fruit woodiness virus*" (PWV) e sintomatologia do "*Cucumber mosaic virus*" (CMV). Piracicaba: USP-Esalq, 1999. 67p. Dissertação (Mestrado) – Escola Superior de Agricultura Luiz de Queiroz, Universidade de São Paulo, 1999.

GOES, A. Doenças fúngicas da parte aérea da cultura de maracujá. In: SIMPÓSIO BRASILEIRO SOBRE A CULTURA DO MARACUJAZEIRO, 5., 1998, Jaboticabal. *Anais*... Jaboticabal: Funep, 1998, p.208-16.

IWAI, H. et al. New record of passionfruit woodiness virus in Japan. *Annais of the Phytopathological Society of Japan*, v.62, p.459-65, 1996.

KAVATI, R., D'EECKENBRUGGE, G. C., FERREIRA, F.R. Le maracuja doux: un nouveau venu prometteur. *Fruittrop*, v.43, 1998, p.21-2.

KITAGIMA, E.W. CHAGAS, C. M., CRESTANI, O. A. Enfermidades de etiologia viral e associadas a organismos do tipo micoplasma em maracujazeiros no Brasil. *Fitopatologia Brasileira*, Brasília, v.11, p.409-32, 1986.

KITAGIMA, E.W. Vírus e fitoplasmas do maracujazeiro no Brasil. In: RUDDIERO, C. (Ed.) *Maracujá:* do plantio a colheita. Jaboticabal, p.230-43, 1998.

KUHNE, F. A. Cultivation of granadillas. Part (3). *Farming in South Africa*, Pretoria, v.44, n.1, p.17-9, 1968.

LEÃO, J. A. C. Considerações sobre as principais doenças e pragas do maracujá no Nordeste do Brasil. *Indústrias Alimentícias Maguari S.A., Setor de Extensão Rural*, 1972. 7p.

LEITÃO FILHO & H.F., ARANHA, C. Botânica do maracujazeiro. In: SIMPÓSIO DA CULTURA DO MARACUJÁ, 1, 1971, Campinas. Simpósio... Campinas: S.B.F., p.1-13, 1974.

MANICA, I. *Fruticultura Tropical: Maracujá*. São Paulo, Ed. Agronômica Ceres, 1981. 160p.

MEDINA, J.C. Cultura. In: GARCIA, J.L.M. et al. *Maracujá*: da cultura ao processamento e comercialização. Campinas: Ital, 1980, cap.1, p.5-105 (Série Frutas Tropicais, 9).

NOVAES, Q. S., REZENDE, J. A. M. Possível aplicação do DAS-ELISA indireto na seleção de maracujazeiro tolerante ao "passion-fruit woodiness virus". *Fitopatologia Brasileira,* Brasília, v.24, n.1, p.76-9, 1999.

NOVAES, Q. S., REZENDE, J. A. M., KITAJIMA, E. W. *Doenças causadas por vírus e fitoplasma em maracujazeiro.* v.21, n.206, Belo Horizonte: Epamig, 2000, p.39-51

PEREIRA, A.L.G. Uma nova doença bacteriana do maracujá *(Passiflora edulis* Sims) causada por *Xanthomonas passiflorae n.* sp. *Arquivos do Instituto Biológico.* São Paulo, v.36, n.4, p.163-74, out./dez.1969.

PIZA Jr., C. T. *Cultura de maracujá.* Campinas: Date, 1966. 102p. (Boletim Técnico n°5).

PONTE, J. J. *Clínica de doenças de plantas.* Fortaleza: Edições Universidade Federal do Ceará. 1996. 872p.

________. As doenças do maracujá-amarelo no Nordeste do Brasil. *Revista Brasileira de Fruticultura,* Cruz das Almas, v.15, n.2, p.11-4, 1993.

REZENDE, J. A. M. Doenças de vírus e micoplasma do maracujazeiro no Brasil. In: SÃO JOSÉ, A. R. (Ed.) *Maracujá:* produção e mercado. Vitória da Conquista-BA: UESB, DFZ, 1994, p.116-25.

REZENDE, D. V., JUNQUEIRA, N. T. V. Queda de flores de maracujá-doce (*Passiflora alata* Dryand) provocada por *Rhizopus stolonifer* Sac. *Fitopatologia Brasileira,* Brasília, v.22, supl., p.301, 1997. (Resumo 402)

TAYLOR, R. H., GREBER, R. S. Passionfruit woodiness virus. CMI/AAB Descrip. *Plant Viruses,* n.122, 1973.

TORRES FILHO, J. *Doenças do maracujá* (*Passiflora edulis* f. *flavicarpa* Deg.) *no Planalto da Ibaiapaba,* Ceará. Fortaleza: Epace, 1983. 7p. (Epace. Comunicado Técnico, 11)

VASCONCELLOS, M.A.S. *Biologia floral do maracujazeiro-doce (Passiflora alata* Dryand*) nas condições de Botucatu.* Botucatu: Faculdade de Ciências Agronômicas, 1991. 99p. (Dissertação de mestrado)

VASCONCELLOS, M.A.S. Maracujazeiro doce: sistema de produção. *Informe Agropecuário.* v.21, n.206, Belo Horizonte: Epamig, 2000, p.76-80.

YAMASHIRO, T. Doenças do Maracujazeiro. In: RUGGIERO. C. (Ed.). *Cultura do maracujazeiro.* Jaboticabal: FCAV/Unesp, 1980, p.95-102.

__________. Doenças do Maracujazeiro. In: SIMPÓSIO SOBRE A CULTURA DO MARACUJAZEIRO, 2, Jaboticabal, 1978. *Anais*. Jaboticabal, Sociedade Brasileira de Fruticultura, v.1, p.70-5.

__________. Principais doenças do maracujazeiro-amarelo no Brasil. In: RUGGIERO, C. (Ed.) *Maracujá*. Ribeirão Preto, Unesp, 1987, p.146-59.

YAMASHIRO, T., CHAGAS, C. M. Ocorrência de grave virose em maracujá-amarelo (*Passiflora edulis* f. *flavicarpa* Deg.) no estado da Bahia. In: CONGRESSO BRASILEIRO DE FRUTICULTURA, 5, 1979, Pelotas: SBF. *Anais*...Pelotas : Sociedade Brasileira de Fruticultura, 1979, p.915-7.

YAMASHIRO, T. et al. Doenças do maracujazeiro constatadas no estado de São Paulo. In: Congresso Brasileiro de Fruticultura, 2, 1973, Viçosa, MG. *Anais*. Sociedade Brasileira de Fruticultura, s.d., v.2, p.411-9.

ZAMBOLIM, L. *Manejo integrado*: fruteiras tropicais – doenças e pragas. Viçosa: UFV, p.249-53, 2002.

11
Nematóides

Luciana Costa Lima[1]

Introdução

O maracujazeiro-doce é planta trepadeira, vigorosa e com caule quadrangular, fator que o diferencia das outras duas espécies (maracujá-amarelo e maracujá-roxo), que apresentam caule circular. Outra característica dessa espécie é que as flores permanecem abertas durante todo o dia; abrem-se ao amanhecer e fecham-se à noite (Ruggiero et al., 1996).

Os frutos são ovais ou piriformes, apresentando uma grande variação quanto ao peso e à coloração da casca. O peso pode variar de 80 g a 190 g, apresentando polpa com sabor "doce acidulado", que é considerado enjoativo se utilizado para o preparo de refresco. Essa característica o tem destinado para o consumo como fruta fresca no Brasil, principalmente no estado de São Paulo (Ruggiero et al., 1996).

O maracujá-doce é menos rico em suco (14-20%), possui baixa acidez 0,77%, implicando "relação sólidos solúveis totais/acidez total titulável" mais elevado e sabor mais doce (Ruggiero et al., 1996).

Suas boas características quanto ao tamanho, à coloração externa e ao aroma tornam-no bastante aceitável pelos consumidores europeus

1 Engenheira agrônoma, doutora em Horticultura na Faculdade de Ciências Agronômicas da Unesp, *campus* de Botucatu.

e o indicam como opção para exportação, em um mercado que ainda precisa ser conquistado (Ruggiero et al., 1996).

Quanto ao ataque de nematóides, na literatura nematológica encontram-se diversos relatos de associações entre nematóides e o maracujazeiro, especialmente *Passiflora edulis* e *P. edulis* f. *flavicarpa*, trabalhos estes sumarizados por Ferraz (1980). Todavia, tais estudos, em sua maioria, não incluem informações sobre a extensão dos danos causados às plantas atacadas e nem sobre a capacidade dos parasitas de completar o ciclo de vida e reproduzir em suas raízes.

Entre os nematóides mais nocivos ao maracujazeiro, no Brasil, destacam-se *Rotylenchus reniformis* (Linford & Oliveira, 1940) e as espécies formadoras de galhas pertencentes ao gênero *Meloidogyne* (Lordello, 1992). Segundo a Instrução Normativa n° 42 de 5 de julho de 2002, o gênero *Helicotylenchus dihystera* também tem causado grandes prejuízos à cultura e devem ser incluídos no programa de controle.

A seguir são descritos aspectos gerais do ataque de nematóides e, posteriormente, aspectos relacionados aos nematóides *Meloidogyne*, *Rotylenchus reniformis* e *Helicotylenchus dihystera*, que causam prejuízos consideráveis à cultura do maracujazeiro-doce.

Nematóides

Os nematóides estão entre os animais multicelulares mais numerosos do mundo. Eles quase passam despercebidos porque muitas espécies são diminutas, sendo visíveis somente à luz do microscópio. Entretanto, nem todos os nematóides são pequenos. Há espécies parasitos de animais que chegam a atingir 30 cm ou mesmo 1 a 8 m de comprimento. Os nematóides podem ser encontrados em todos os locais onde há vida, desde desertos, oceanos, pólos e regiões quentes. Muitos dos nematóides habitantes dos solos alimentam-se de outros microrganismos, como fungos, bactérias, algas e outros nematóides. Muitas espécies alimentam-se apenas de plantas superiores. Insetos e animais também possuem nematóides parasitos (Tihohod, 2000).

Importância econômica

Todas as espécies de plantas cultivadas existentes na terra são atacadas por nematóides parasitos. Contudo, sua presença é pouco notada pelos agricultores, em função de seu tamanho reduzido e pelo fato de, geralmente, não provocarem o aparecimento de sintomas muito visíveis nas plantas (Tihohod, 2000).

Existem estimativas da importância econômica dos fitonematóides na produção das culturas, mas os valores precisos não estão determinados. As perdas variam de suaves, com menos de 1%, até a destruição total. O grau dos danos depende da densidade populacional dos nematóides presentes, da susceptibilidade da cultura e das condições ambientais, tais como fertilidade, umidade e presença de outros organismos patogênicos que podem interagir com os nematóides. Quando todas as culturas do mundo são incluídas, ocorre uma perda média anual em torno de 10%, especialmente quando os efeitos indiretos dos nematóides são considerados (Tihohod, 2000).

Movimentação no solo e disseminação

Os nematóides podem ser carregados a grandes distâncias pela água, pelos animais e pelo próprio homem, por meio de materiais vegetais e no solo. Quanto à sua movimentação própria é pequena, mas constitui um pré-requisito para a realização de uma série de funções fisiológicas tais como: eclosão, orientação para exsudatos alimentícios, atração sexual, seleção de sítios de alimentação e ovoposição (Tihohod, 2000).

Os nematóides se movem em pequenas distâncias, geralmente formando reboleiras que aumentam gradativamente, de ano para ano no mesmo local. O meio mais comum de disseminação é o transporte pelo homem de solo e material vegetal contaminado (Lordello, 1992).

O solo é extremamente importante como veículo para a disseminação de nematóides, visto que, pelo menos uma parte de sua vida, esses organismos passam no solo. Quanto ao tipo de solo, os solos soltos arenosos, são considerados os mais favoráveis aos nematóides, permitindo mais ampla movimentação das larvas pré-parasitas. Porém, infestações podem ocorrer em outros tipos de solo, sendo desfavoráveis apenas os terrenos muito úmidos ou excessivamente compactos (Lordello, 1992).

O transporte também pode ocorrer por meio de máquinas e implementos agrícolas como ocorre em *Meloidogyne* e por sacos, caixas, fertilizantes etc. Os nematóides também podem ser disseminados por meio de estercos animais ou restos vegetais decompostos, bem como por meio de animais ou pássaros. Alguns nematóides são transportados por insetos (Tihohod, 2000).

Susceptibilidade do hospedeiro e grau de infestação

A planta hospedeira pode influir profundamente sobre o ciclo. Sabe-se que para cada espécie do gênero, há plantas que lhe são hospedeiras muito favoráveis; outras são muito desfavoráveis e entre os dois extremos há uma série de hospedeiros intermediários. Quando uma espécie é transferida de um hospedeiro altamente favorável para outro menos favorável, verifica-se que há um aumento no tempo requerido para as larvas alcançarem a maturidade e um decréscimo no número de ovos depositados. Em plantas altamente desfavoráveis, nenhuma larva atinge o estado adulto e, conseqüentemente, não há produção de ovos (Lordello, 1992).

O maracujá-amarelo (*Passiflora edulis* Sims *flavicarpa* Deg), o maracujá-roxo (*P. edulis* Sims), o maracujá-mirim (*P. caerulea e P. cincinata*) e o maracujá-melão (*P. macrocarpa*) são espécies de maracujazeiros considerados péssimos hospedeiros para os fitonematóides. Por outro lado, o maracujá-doce (*P. alata* Ait), o maracujá-de-veado (*P. giberti* N.E.Brown) e o maracujá-de-cobra (*P. setacea*) são hospedeiros susceptíveis aos fitonematóides, apresentando perda de vigor, mau desenvolvimento e atrofia quando parasitados pelos nematóides (Ruggiero et al., 1996).

O grau de infestação é avaliado com base em números, tal como se explica a seguir. A ausência de um número significa que a susceptibilidade não foi testada ou verificada em amostra coligida na natureza (Lordello, 1992).

Pesquisas desenvolvidas visando avaliar a resistência de espécies de maracujazeiros

Klein et al. (1984) procuraram estudar o comportamento de diferentes espécies de maracujazeiros disponíveis em nosso meio (*P. serrato digitata, P. edulis, P. giberti, P. edulis* f. *flavicarpa, P. alata, P. caerulea* e *P. maliformis*), quando inoculadas com o nematóide formador de galhas *Meloidogyne incognita* Kofoid & White (1919) Chitwood (1949), com o objetivo de obter materiais resistentes que possam ser utilizados como porta-enxertos ou incluídos em programas de melhoramento genético.

As avaliações foram feitas 80 dias após a inoculação do parasito, com base nos números de galhas e de ootecas observados nos sistemas radiculares das plantas. Verificou-se que *Passiflora alata, P.giberti, P. maliformis* e *P. serrato digitata* mostraram elevada susceptibilidade, enquanto que *P. caerulea, P. edulis* e *P. edulis* f. *flavicarpa* foram bastante resistentes (Klein et al., 1984).

Porém, um aspecto final a ser destacado é o de que espécies como *P. alata* e *P. giberti*, consideradas resistentes a fusariose ou morte prematura, são altamente susceptíveis a meloidoginose, enquanto que *P. edulis* e, principalmente, *P. edulis* f. *flavicarpa*, muito susceptíveis à citada doença, são bastante resistentes a nematóides formadores de galhas. Esta situação mostra a necessidade de novos estudos sobre o assunto até que sejam obtidos genótipos de maracujazeiros com características superiores, entre as quais resistência conjunta a nematóides e agentes causais de importantes doenças (Klein et al., 1984).

Outro trabalho visando avaliar a resistência de espécies de maracujazeiros à *Meloidogyne incognita* foi desenvolvido por Costa et al., (1997). A reação das espécies *P. alata, P. giberti* e *P. edulis* f. *flavicarpa* foram estudadas em relação a três níveis de inóculos (0, 3.000 e 6.000

ovos) de *Meloidogyne incognita* quanto a sua hospedabilidade sob condições de casa de vegetação. A planta padrão de susceptibilidade utilizada foi o tomateiro cv. Rutgers. As avaliações ocorreram aos 90 dias das inoculações, baseando-se nos índices de galhas, índice de massa de ovos, número de ovos por planta e nos fatores de reprodução obtidos. O maracujazeiro mostrou-se um hospedeiro favorável a *Meloidogyne incognita*, com índices de galha variando de (3-4) e massa de ovos de (2-4) e fatores de reprodução (0,08-3,76). As plantas de tomate demonstraram maior multiplicação dos nematóides com diferenças significativas das demais espécies de maracujazeiros testadas.

Manejo de nematóides

Para prevenção da disseminação são necessárias medidas fitossanitárias, principalmente em viveiros; tratamento do material de plantio; mudas certificadas, além de existência e obediência de leis reguladoras e ou proibitivas referentes à disseminação de nematóides em solo e material vegetal (Tihohod, 2000).

Já as táticas culturais de manejo de nematóides devem englobar alqueive ou pousio, inundação do solo, sistema de culturas, uso de variedades resistentes, uso de plantas antagonistas ou armadilhas, época de plantio da cultura, adubação orgânica, remoção ou destruição das plantas infectadas e nutrição e cuidados gerais com as plantas (Tihohod, 2000).

Prevenção e controle

O controle de nematóides em cultura é bem mais difícil e oneroso que nos viveiros, além de exigir e emprego de nematicidas, que não estão registrados para o caso do maracujazeiro.

A prevenção da ocorrência e disseminação de fitonematóides inicia-se com a formação da muda de maracujazeiro, ou seja:

a) evitar construir viveiros de mudas em local contaminado com nematóides, locais que recebem água de enxurrada de cultura de tomate, fumo, quiabo, maracujá, mamão etc. A observação de plantas hospedeiras como tomateiro, fumo, quiabo, beijo (planta ornamental) e outras, ajuda na escolha da área;

b) irrigar as mudas com água de poço, cisterna, água de fonte ou água tratada;

c) tratar o substrato (solo, adubos orgânicos, adubos químicos, areia) com o gás Brometo de metila, na dosagem de 150ml por m^3 de substrato;

d) o uso de bandejas de isopor ou tubos de propileno com substrato próprio ou esterco de curral curtido e esterilizado, tem dado bom resultado;

e) quando adquirir mudas, considerar a procedência e a qualidade da muda (Ruggiero et al., 1996).

Prevenção no local de plantio definitivo

O histórico e o exame da cultura anterior, e a análise de solo, oferecem informações sobre a ocorrência de fitonematóides. Na presença deste parasito, pode-se recomendar:

a) aração e gradagem a fim de expor as formas jovens de nematóides à radiação solar, causando sua morte;

b) programação do uso do solo, escolhendo áreas onde foram cultivados, no ano anterior, amendoim, arroz, milho, crotalária ou pastagens;

c) na presença de nematóides, utilização de capinas químicas (Ruggiero et al., 1996).

Sistema de culturas e rotação de culturas

O sistema de culturas é a seqüência de culturas em uma determinada área, podendo ser, por exemplo, a semeadura de soja resistente, alternado com soja susceptível durante anos. Dentro do sistema de cultura está a rotação de culturas, que é o plantio alternado de culturas diferentes (Tihohod, 2000).

A rotação de culturas é uma medida muito útil e talvez uma das principais estratégias para o controle de nematóides no Brasil, onde existem muitos problemas de nematoses, além de poucos produtos químicos no mercado e, os existentes, muitas vezes, tornam-se inviáveis economicamente.

Na maioria dos casos, uma rotação com 1,5 a 3 anos já daria resultados para aqueles nematóides que têm especificidade de hospedeiros. O grau de controle é baseado no nível de resistência das culturas em rotação e no número de anos entre as culturas susceptíveis. Podemos citar alguns exemplos de plantas não hospedeiras de nematóides como é o caso de *Tagetes*, mucuna-preta e crotalária utilizadas principalmente para o controle de *Meloidogyne* (Tihohod, 2000).

Uso de culturas antagonistas ou armadilhas

Culturas antagonistas são plantas que são contrárias aos nematóides, isto é, na maioria das vezes são plantas susceptíveis à invasão de determinado nematóide, mas são resistentes ao desenvolvimento da larva em adultos no interior dos tecidos. Geralmente, são plantas que têm exsudatos tóxicos, como o caso de *Tagetes* que produzem o composto nematicida tertienil contra *Meloidogyne* e *Pratylenchus*, ou são plantas que atuam atraindo os juvenis e matando seu sítio de alimentação, impedindo que se desenvolvam em adultos, como é o caso da mucuna-preta e da crotalaria para *Meloidogyne* (Lordello, 1992).

Plantas-armadilha são plantas altamente susceptíveis a determinado nematóide endoparasito sedentário; os nematóides penetram nos tecidos e antes que eles completem seu ciclo de vida, isto é, antes da postura de ovos, essas plantas são destruídas pelo produtor, acarretando uma sensível diminuição da população no solo para a próxima cultura. Nessa estratégia, também é necessário um rigoroso acompanhamento, com amostragens periódicas, além de um profundo conhecimento do nematóide, caso contrário, em vez de diminuir, ocorre um aumento dos nematóides (Lordello, 1992).

Exemplos de plantas armadilhas: tomate, quiabo, abóbora e rabanete. No Brasil, elas funcionam para *Meloidogyne*.

Manejo integrado de nematóides (MIN)

A proposição do MIN é, primeiramente, conhecer o problema, o organismo nematóide, seus danos às plantas e sua interação com o sistema solo-clima-planta. Isso, em nível de produtor, será obtido por meio de sua conscientização para o problema e, principalmente pelas amostragens, isto é, fazendo um acompanhamento técnico (Tihohod, 2000).

Como segundo objetivo, o MIN atuaria em pesquisa-extensão, a partir do momento em que o agricultor receberia o resultado das análises e, juntamente com o Engenheiro Agrônomo de sua confiança, analisaria o que poderia ser feito para manejar os nematóides de sua propriedade e possibilitar aumentar sua produtividade (Tihohod, 2000).

Tática física de manejo

Controle de nematóides por solarização do solo

A cobertura do solo com um polietileno transparente, estendido durante a estação quente, antecedendo o plantio, pode aquecer o solo a partir da energia solar a ponto de promover a sua desinfestação. Relatos têm mostrado a alta eficácia do método e as vantagens de ser facilmente manipulado, não deixar resíduos fitotóxicos, ter um custo relativamente baixo e não apresentar nenhum risco ao operador (Katan et al., 1976).

Para um maior efeito do aquecimento do solo, o plástico usado deve ser transparente, e não preto, pois o primeiro transmite mais radiação e aquece mais o solo. A cobertura do solo deve ser feita durante o período de alta temperatura e intensa radiação solar.

A solarização em comparação com os outros métodos, utiliza temperatura relativamente baixa e, portanto, seus efeitos sobre os organismos vivos e não vivos do solo são menos drásticos.

Principais gêneros que atacam a cultura do maracujazeiro-doce

O Gênero *Meloidogyne*: formador de galhas

Inúmeras espécies de *Meloidogyne* (mais de 50, segundo Jepson, 1987) já foram descritas. As espécies freqüentemente encontradas no Brasil são: *M. incognita, M. javanica, M. arenaria, M. hapla, M. exigua* e *M. coffeicola*. As espécies *M. hapla* e *M. arenaria* são de ocorrência mais restrita, quando comparadas com *M. incognita* e *M. javanica*. Contudo, as quatro espécies mais comuns têm ampla gama de hospedeiros. O maracujazeiro é atacado pelas espécies *M. arenaria* e *M. incognita* (Lordello, 1992).

Sintomas do hospedeiro

As plantas atacadas apresentam diversos graus de sintomas, como a presença de galhas nas raízes; clorose; redução e deformação do sistema radicular; decréscimo da eficiência das raízes em absorver e translocar água e nutrientes e menor crescimento da parte aérea, culminando com uma menor produção (Tihohod, 2000).

Porém, as galhas não são os únicos sintomas e há casos de ataques por estes nematóides sem o aparecimento dessas malformações. Cafeeiros atacados por *M. exigua*, por exemplo, freqüentemente não mostram galhas nas raízes (Lordello, 1992).

Quando se trata de uma leguminosa, há a possibilidade de os nódulos causados pelas bactérias fixadoras do azoto serem confundidos com galhas. Os nódulos podem ser reconhecidos pela sua consistência esponjosa e localização lateral, podendo ser destacados com facilidade. As galhas resultam do engrossamento da própria raiz e, evidentemente, não podem ser destacadas. No mais, a superfície da galha apresenta consistência igual à da raiz (Lordello, 1992).

Manejo de *Meloidogyne* por prevenção de disseminação

O manejo cultural envolve a prática de alqueive e arações mensais durante a entressafra nas culturas anuais, rotação de culturas, uso de plantas antagonistas como mucuna-preta e crotalária e uso de plantas resistentes. Já o manejo químico compreende o tratamento com aplicação de nematicidas tais como Temik, Furadan, Nemacur, Mocap, Tirpate, Dasanit, Rhocap e Counter.

Pesquisas desenvolvidas para obtenção de materiais resistentes

Com o objetivo de avaliar descendentes do híbrido interespecífico *P. alata* x *P. macrocarpa* quanto à resistência a *Meloidogyne incognita* raça 1, montou-se um experimento para promover a recombinação de plantas que se mostrassem resistentes, vigorosas e com aspecto normal.

A espécie *P. alata* (maracujá-doce) é resistente à "morte prematura de plantas", doença de outras Passifloráceas, cuja causa foi associada ao parasitismo de fungos como *Fusarium oxysporum* Schl. f. *passiflorae* Purss, *Phytophthora cinnamomi* Rands e outros agentes ainda não identificados. Entretanto, apresenta alta susceptibilidade aos nematóides do gênero *Meloidogyne* (Oliveira et al., 1996).

A espécie *Passiflora macrocarpa* (maracujá-melão) é tolerante à "morte prematura de plantas" e tolerante a *Meloidogyne incognita* raça 1 sendo, como o maracujá-doce, excelente porta-enxerto para o maracujá-amarelo (Oliveira et al., 1996).

Desta forma, plântulas originárias do híbrido interespecífico de *Passiflora alata* Dryand e *Passiflora macrocarpa* Mast foram inoculadas com 5.000 ovos de *Meloidogyne incognita* raça 1 em casa de vegetação e em dois períodos: inverno e verão. Após noventa dias, determinaram-se os índices de galhas e massa de ovos nas raízes, atribuindo-se notas. As mudas consideradas resistentes foram recuperadas e levadas ao local definitivo a fim de promover a recombinação e cruzamentos com *P. alata*. Quanto ao parasitismo de *M.*

incognita raça1, observou-se segregação e mais de 40% das mudas apresentaram resistência; a proporção de plantas resistentes manteve-se em populações avançadas; as avaliações realizadas no inverno e verão não apresentaram diferenças significativas. A transferência de genes de *P. macrocarpa* para *P. alata* mostrou-se bastante promissora (Oliveira et al., 1996).

O nematóide reniforme: *Rotylenchulus reniformis*

Este é um importante ectoparasito sedentário que causa danos em inúmeras culturas, especialmente nos países de clima tropical. É uma espécie muito polífaga, causando perdas maiores em algodão e abacaxi, e podendo atacar também maracujazeiro, soja, tomateiro etc. Na Índia, é o nematóide mais nocivo ao cafeeiro. Lordello (1992) cita que, aparentemente, as culturas mais danificadas são o algodoeiro, o abacaxizeiro e o maracujazeiro.

Aspectos importantes

Depois da última ecdise, a fêmea imatura vermiforme infecta a raiz, penetrando nos tecidos com sua cabeça e deixando o resto do corpo exposto no lado de fora. Por essa época, a copulação provavelmente ocorre. O corpo da fêmea avoluma-se, ficando com a forma de um rim, daí chamar-se nematóide reniforme (Lordello, 1992).

Modo de infecção

Inicialmente, essas fêmeas imaturas causam destruição de células da epiderme, durante a penetração, resultando em pequena lesão necrótica local. O nematóide movimenta, então, sua região anterior através do parênquima cortical, também provocando morte de células, até alcançar a endoderme e o periciclo, indo estabelecer o parasitismo no floema (Tihohod, 2000).

Algum tempo depois, o parasito produz substâncias que se deslocam para o interior das células adjacentes à extremidade anterior da fêmea (entre 5 e 10 células). A fêmea permanece no sítio de alimentação produzindo até completar a maturidade sexual e iniciar a ovoposição, nutrindo-se de material contido nesse conjunto de células nutridoras. Com o passar do tempo, verifica-se necrose do floema e colapso do córtex, resultando em marcante redução no crescimento do sistema radicular e severo declínio das plântulas infestadas (Tihohod, 2000).

Em maracujazeiro e abacaxizeiro, verifica-se um quadro geral de declínio. Intensa disseminação do nematóide processa-se por meio de mudas de maracujazeiro, comercializadas em sacos plásticos.

Manejo para prevenção de disseminação

O manejo cultural envolve a prática de alqueive com arações sucessivas, rotação de culturas, com culturas não hospedeiras, uso de plantas resistentes quando existirem, uso de plantas antagonistas como a crotalária e arranquio e eliminação dos restos culturais. Já o manejo químico compreende o tratamento com aplicação de nematicidas tais como Temik, Furadan, Nemacur, Mocap, Tirpate, Dasanit, Rhocap e Counter.

Gênero *Helicotylenchus*

Aspectos importantes

Os nematóides espiralados típicos (gênero *Helicotylenchus*), quando mortos, exibem o corpo enrolado, assumindo a forma de uma espiral mais ou menos fechada; em inglês são denominados "*spiral nematodes*". Há, porém, espécies que apresentam a forma de um C (Lordello, 1992). Além do gênero mencionado, que, aliás, é o mais freqüente, ocorrem no País: *Scutellonema*, *Rotylenchus*, *Peltamigratus* e *Hoplolaimus*. Comportam-se como ecto ou endoparasitos migradores de órgãos subterrâneos. Alias, três possibilidades distintas de parasitismo têm sido descritas para os componentes da família *Hoplolaimidae* (Lordello, 1992).

A modalidade mais simples é o ectoparasitismo, que ocorre quando o nematóide introduz nos tecidos parte da região anterior do corpo, não penetrando no órgão. A espécie *H. dihytera*, comuníssima em solos do País, ao que parece comporta-se principalmente como ectoparasita.

Outros membros da família, porém, penetram no vegetal e comportam-se como endoparasitos migradores. A espécie *Scutellonema bradys*, agente da doença denominada casca preta do cará, atua como tal (Lordello, 1992).

Finalmente, há espécies que se comportam diferentemente em plantas distintas ou na mesma planta. *H. dihystera*, por exemplo, foi muitas vezes surpreendido no interior de tubérculos de batata, associado a nematóides endoparasitos, segundo observação de Lordello & Zamith (1956), sendo, por outros autores, geralmente descrito como um ectoparasito. Porém, para inúmeras espécies faltam demonstrações de seus efeitos sobre as plantas.

Sintomas no hospedeiro

Os sintomas mais freqüentemente atribuídos a nematóides deste grupo são resultantes de um sistema radicular prejudicado, que não desempenha suas funções normalmente. Assim, as plantas afetadas exibem paralisação no crescimento, sintomas de deficiências nutritivas, queda de produção e murchamento por dificuldades na absorção de água (Lordello, 1992).

Medidas de controle

No caso das espécies que atuam como endoparasitos (*H. dihystera* em batata; *S. bradys* em cará etc.) é preciso selecionar o material de plantio, descartando o infestado. Não há informação para a prescrição de controle por rotação. Quanto ao controle químico, sabe-se que se trata de nematóides sensíveis aos atuais nematicidas.

Referências bibliográficas

CHITWOOD, B.G. Root-Knot nematodes. I. A revision of the genus *Meloidogyne* Goeldi, 1887. *Proceedings of the Helminthological Society of Washington*, v.16, p.90-104, 1949.

COSTA, D.C., LIMA, A.A., JESUS, R.L.A. Reação de espécies de maracujazeiro à *Meloidogyne incognita*. *Nematologia Brasileira*, v.21, fascículo 1, p.21-2, dez, 1997. p.21-2.

FERRAZ, L.C.C.B. Problemas causados por nematóides na cultura do maracujazeiro. In: RUGGIERO, C. *A cultura do maracujazeiro*. Jaboticabal: FCAV, p.105-11, 1980.

JEPSON, S.B. *Identification of root-knot nematodes* (*Meloidogyne* species). Wallingford: CAB International, Oxon, 1987. 265p.

KATAN, J., GREENBERGER, A., ALON, H., GRINSTEIN, A. Soil heating by polyethylene mulching for the control of diaseases caused by soilborne pathogens. *Phytopathology*, v.66, p.683-8, 1976.

KLEIN, A.L., FERRAZ, L.C.C.B., OLIVEIRA, J.C. de. Comportamento de diferentes maracujazeiros em relação ao nematóide formador de galhas. *Pesquisa Agropecuária Brasileira*, Brasília, v.19, n.2, p.207-9, fev. 1984.

KOFOID, C.A.WHITE, A.W. A new nematode infection of man. *Journal American Medical Association*, v.72, p.567-9, 1919.

LINFORD, M.B. OLIVEIRA, J.M. *Rotylenchulus reniformis* nov. gen., n. sp., a nematode parasite of roots. *Proceedings of the Helminthological Society of Washington*, v.7, p.35-42, 1940.

LORDELLO, L.G.E. *Nematóides das plantas cultivadas*. 8. ed. São Paulo: Nobel, 1992. 314p.

LORDELLO, L.G.E., ZAMITH, A.P. Novas observações sobre os nematóides que parasitam a batatinha no estado de São Paulo. *Revista Agricultura*, Piracicaba, v.31, n.1, p.45-54, 1956.

OLIVEIRA, V.R. de, TIHOHOD, D., OLIVEIRA, J.C. de, TOMIOKA, E.H. Reação de *Passiflora alata* Dryand vs *Passiflora macrocarpa* Mast a *Meloidogyne incognita* raça 1. *Científica*, São Paulo, v.24, n.2, p.363-9, 1996.

RUGGIERO, C. et al. *Maracujá para exportação*: aspectos técnicos da produção. Embrapa – SPI: Brasília, 1996. 64p (Publicações Técnicas Frupex, 19).

TIHOHOD, D. *Nematologia Agrícola Aplicada*. 2. ed. Jaboticabal: Funep, 2000. 456p.

12
Pós-colheita

Luciana Manoel[1]

No Brasil, existem mais de 200 espécies conhecidas, mas apenas três são cultivadas: o maracujá-amarelo (*Passiflora edulis flavicarpa*), o doce (*Passiflora alata*) e o roxo (*Passiflora edulis*). Planta típica de regiões tropicais e subtropicais pode adaptar-se perfeitamente em regiões de clima seco, desde que devidamente irrigada.

Nos últimos anos, tem-se verificado grande incremento no mercado internacional de frutas tropicais, dentre elas o maracujá. As frutas tropicais e seus sucos, conhecidos pelos seus sabores exóticos e pela sua riqueza em vitaminas, firmaram-se no mercado externo graças à crescente preocupação com a alimentação mais natural e saudável e, assim, atualmente se fazem presentes nas mesas internacionais.

Neste contexto, ganha importância o maracujá-doce (*Passiflora alata* Dryand), conhecida popularmente por maracujá-de-refresco, maracujá-de-comer, maracujá-alado, maracujá-guaçu (Leitão Filho & Aranha, 1974). Considerada nativa do Brasil, caracteriza-se por apresentar frutos com elevado valor nutritivo, boas qualidades gustativas, tamanho e aparência externa de grande aceitação, mostrando ser uma opção apropriada para ocupar não somente o mercado interno,

---

1 Engenheira agrônoma, mestre em Energia na Agricultura na Faculdade de Ciências Agronômicas da Unesp, *campus* de Botucatu.

no qual seus frutos atingem de R$ 0,50 a 1/unidade, como também o mercado externo de frutos *in natura* (Vasconcelos, 1991).

Os consumidores avaliam a qualidade dos frutos pelo critério da aparência, e no maracujá a ocorrência do rápido murchamento é um dos principais problemas para a sua comercialização ao natural (Cereda, 1974). Como o maracujá-doce é consumido *in natura* e no próprio fruto, com colher, em função de suas qualidades gustativas, os cuidados que o agricultor deve tomar são maiores. Deve-se atentar ao aspecto visual do produto, desde a colheita até seu local de beneficiamento, o galpão de embalagem.

Colheita, seleção e transporte

As etapas para se obter um produto de maior vida útil serão comentadas a seguir.

Colheita

Para colocar a fruta no mercado de consumo *in natura*, é importante que ela seja colhida no pé, quando a coloração da casca estiver com 1/3 verde e 2/3 amarela. No maracujazeiro-doce, diferentemente do maracujazeiro-amarelo, não ocorre a abscisão do fruto: ele é colhido cortando-se o pedúnculo e eliminando-se os restos florais, mantendo cerca de 3 cm de pedúnculo (Vasconcelos & Cereda, citado por Silva em 1999). Os colhedores arrancam a fruta com um simples puxão e acondicionam-nas cuidadosamente em caixas plásticas ou de madeira, evitando causar injúrias na casca dos frutos, que depreciaria o valor do produto.

Limpeza e seleção

Chegando ao galpão de embalagem, os frutos são despejados sobre uma esteira ou mesa acolchoada para que seja realizada sua seleção e simultaneamente, a limpeza dos restos de cultura (folhas, pedúnculos etc.). De acordo com o tamanho, as frutas são separadas e embaladas, individualmente com papel manteiga para depois serem dispostas em caixas paletizáveis de papelão de camada única e que comportem poucos frutos; ainda, pode-se embalar em bandejas de polietileno devidamente seladas que impedem a perda de água do fruto e, por conseguinte, evitam a perda de peso. O maracujá-azedo ainda é acondicionado em caixas de plástico, papelão ou madeira, sendo que esta última está em desuso por provocar injúrias nos frutos além de grandes desperdícios. Apesar dessas caixas serem bastante utilizadas, o método mais usual de embalagens para o maracujá-azedo são os sacos de polietileno (Ministério da Integração Nacional, 2002).

Transporte e armazenamento

As caixas paletizáveis são dispostas em caminhões que levarão os frutos para seu destino; em alguns lugares, a carga é coberta com uma lona para que o vento não cause injúrias na casca do fruto ou para que ele não murche por perda de água. O transporte ideal é em caminhão baú. E se o destino da carga for um local próximo da área de produção, não existe a necessidade de realizar refrigeração. Porém, se os frutos forem para mercados distantes ou destinados à exportação, torna-se imprescindível a adoção de um método de conservação que aumente a vida útil do produto; com a perda de matéria fresca durante o período de armazenamento, o fruto fica susceptível a podridão e à fermentação da polpa (Ministério da Integração Nacional, 2002).

Os frutos ainda devem ser acondicionados em câmaras frias com temperatura em torno de 9°C, com umidade relativa do ar variando de 85 a 90%. Sob essas condições, os frutos têm sua vida útil aumentada consideravelmente, em torno de 12 dias.

Programa brasileiro para a melhoria dos padrões comerciais de embalagens de hortigranjeiros

Um dos problemas enfrentados na comercialização é a inexistência de padronização, o que inviabiliza a utilização dos métodos modernos de comercialização como leilão, telefone e internet. Na Companhia de Entrepostos e Armazéns Gerais de São Paulo (Ceagesp) foram levantados dados juntos aos atacadistas, medidos e avaliados muitos frutos, durante anos, inclusive quanto a defeitos e suas implicações no preço e propôs-se uma norma de classificação, estabelecendo a caracterização do maracujá-doce em: grupo, subgrupo, classe e categoria. Grupo de acordo com o formato; subgrupo de acordo com o estádio de maturação; classe de acordo com o calibre e categoria pela ausência de defeitos (Freitas et al., 2001).

Conservação pós –colheita

Para aumentar o período de armazenamento é preciso utilizar mecanismos que reduzam as taxas de transpiração e respiração,por meio do abaixamento da temperatura, elevação da umidade relativa do ar, uso de aditivos na superfície dos frutos e utilização de embalagens adequadas (Ben-Yehoshua, 1985).

O maracujá é uma fruta de difícil conservação e os principais fatores que influenciam a vida pós-colheita são: variedades, local de cultivo, clima, estádio de maturação, método de colheita, período entre a colheita e o armazenamento e tamanho de fruto (Castro et al.,1976).

A transpiração excessiva pode comprometer seriamente a qualidade das frutas tropicais, quer na sua aparência, tornando-as enrugadas e com colorações opacas, quer na sua textura, fazendo com que elas se apresentem flácidas, moles, murchas ou com aspecto borrachento (Sigrist, 1992).

Técnicas usadas para o aumento de vida útil

Como o fruto é considerado de difícil conservação, técnicas pós-colheita que possibilitem redução de sua atividade metabólica merecem destaque, pois apresentam uma opção para o aumento de sua vida de prateleira.

De acordo com Chitarra & Chitarra (1990), já foi evidenciado o papel das auxinas, giberelinas e citocininas no amadurecimento dos frutos, as quais têm sido estudadas como retardantes de sua senescência. Silva et al. (1999) realizaram um trabalho com o objetivo de estudar o efeito da aplicação pós-colheita de fitorreguladores do grupo das auxinas, giberelinas e citocininas na conservação do maracujá-doce e observaram que após 28 dias de armazenamento, a aplicação de fitorreguladores não teve influência sobre a porcentagem de perda de matéria fresca e rendimento de suco; os frutos de todos os tratamentos apresentaram queda nos teores de acidez total tituláveis e aumento nos níveis de pH; o tratamento com citocinina mostrou-se mais eficiente na manutenção dos níveis de vitamina C e na elevação de sólidos solúveis dos frutos.

O polietileno é um filme plástico mais difundido no Brasil e no mundo, graças ao seu baixo preço e características de resistência e flexibilidade. Caracteriza-se por se uma excelente barreira à água (Cereda, 1983). Gama et al., (1988) estudaram o uso de embalagens de polietileno de 15 micras na conservação de maracujá-amarelo por 42 dias e concluíram que os frutos acondicionados em embalagem de polietileno apresentaram menor perda de peso e maior peso de cascas quando comparados com os frutos sem embalagem; os frutos acondicionados em embalagem de polietileno foram conservados por um período de 42 dias em câmaras frigoríficas e mantiveram uma boa qualidade externa e interna.

Frutos "in natura", freqüentemente, são armazenados sob refrigeração em ou perto de áreas onde eles são cultivados, para posterior distribuição no mercado. Este armazenamento leva a vantagem, como expansão da estação comercial e maior potencial de vida de prateleira dos frutos (Mitchel et al., 1974).

A refrigeração também reduz a perda de peso por transpiração. Lederman & Reis (1988) encontraram, em maracujá-roxo, perda de 9% do peso em frutos armazenados a 6 °C e de 33% nos armazenados a 17 °C, após 4 semanas.

Pinto et al. (2000) avaliaram a qualidade de maracujás doce e azedo cultivados no cerrado de Brasília, colhidos em diferentes épocas do ano e estádios de maturação e definiram que as duas espécies não diferiram entre os estádios de maturação e nem entre as épocas de colheita, quanto aos teores de açúcares.

Referências Bibliográficas

BEN- YEHOSHUA, S. Individual seal-packaging of fruit and vegetables in plastic film – A new postharvest technique, *HortScience*, Alexandria, v.20, n.1, p.32-37, 1985.

CASTRO, P.R.C. et al. Efeito do GA, CEPA e confinamento em polietileno na maturação do maracujá (*Passiflora edulis* Sims). *O Solo*, Piracicaba, v.68, n.1, p.7-11, 1976.

CEREDA, E. Perda de massa do maracujá-amarelo (*Passiflora edulis* f. *flavicarpa* Deg.) durante o armazenamento sob condição ambiente. *Ciência e Cultura*, v.26, n.7, p.571, 1974 (Suplemento)

CEREDA, M.P. Embalagens e sua utilização em produtos agropecuários. In: *MANUAL DE ARMAZENAMENTO E EMBALAGEM*. Botucatu: Fepaf, 1983. p.34-67.

FREITAS, P. et al. *Programa brasileiro para melhoria dos padrões comerciais e embalagens de hortigranjeiro*, 2001. Disponível em:<http://www.usp.br/siicusp/9 o siicusp/cd_2001/ficha 1891.htm >. Acesso em: 6 out. 2002.

GAMA, F.S.N. et al. Aditivos e embalagens de polietileno na conservação do maracujá-amarelo armazenado em condições de refrigeração. In: *Pesquisa Agropecuária Brasileira*. Brasília, 26(3): 305-10, mar. 1991.

LEDERMAN, I. E., REIS, O. V. Efeito da temperatura de armazenamento na conservação do fruto do maracujazeiro roxo (*Passiflora edulis* Sims.). *Boletim do Centro de Pesquisa e Processamento de alimentos.* Curitiba, v.6, n.2, p.59-64, 1988.

LEITÃO FILHO, H. F., ARANHA, C. Botânica do maracujazeiro. In: *Simpósio da Cultura do maracujá*, Campinas: S. B. F., 1974, p.1-13.

MINISTÉRIO DA INTEGRAÇÃO NACIONAL, 2002. *Pós-colheita de maracujá*. Disponível em:<http://www.irrigar. org.br /posmaracuja.php >. Acesso em : 6 out. 2002.

MITCHELL, F. G., MAXIE, G, E.C. & COATES, W.V. Cold storage effects on fresh market peaches, nectarines & plums. *Califórnia Agriculture*, Berkely, v.28, n.10, p.12-4, 1974.

PINTO, A .C.Q., VERAS, M..C.M., MENESES, J.B. Influência da época de produção e dos estádios de maturação nos maracujás doce e ácido nas condições de Cerrado. *Pesquisa Agropecuária Brasileira*, Brasília, v.35, n.5, p.959-66, maio 2000. Disponível em: <http://atlas.sct.embrapa.br/pab/pab.nsf/FrAutor>. Acesso em: 6 out. 2002.

SIGRIST, J.M.M. Respiração. In: BLEINROTH, E. W. et al. *Tecnologia de pós-colheita de frutas tropicais*. Campinas: Ital, 1992. p.19-26.

SILVA, A .P. *Métodos de aplicação de cloreto de cálcio pós-colheita na conservação do maracujá-doce (Passiflora alata* Dryand*)*.1999. 95p. (Tese de Mestrado) Faculdade de Ciências Agronômicas, Universidade Estadual Paulista, Botucatu, 1999.

SILVA, A .P, DOMINGUES, M. C. S, VIEITES, R. L, RODRIGUES, J. D. Fitorreguladores na conservação pós-colheita do maracujá-doce (*Passiflora alata* Dryand) armazenado sob refrigeração. *Ciência e Agrotecnologia*, Lavras, v.23, n.3, p.643-9, jul./set. 1999. Disponível em:<http://www.editora.ufla.br/revista/23_3/art19.htm>. Acesso em : 06 out. 2002.

VASCONCELLOS, M. A .S. *Biologia floral do maracujá-doce (Passiflora alata* Dryand*) nas condições de Botucatu*.1991. 129p. (Tese de Mestrado) Faculdade de Ciências Agronômicas, Universidade Estadual Paulista, Botucatu, 1991.

13
Usos terapêuticos

Míriam Baptista Stefanini[1]

O maracujá é originário da América Tropical (Brasil e Peru), aclimata-se bem em regiões com temperaturas médias de 27°C e precipitação entre 800 mm e 1750 mm por ano (Corrêa Júnior et al., 1991 e Teske & Trentini, 1997). Essa denominação, porém, compreende numerosas espécies do gênero *Passiflora*, da família Passifloraceae. No entanto, são descritas várias espécies: *Passiflora alata* Dryand com fruto ovóide ou piriforme, glabro, com 8 a 10 cm de comprimento; *Passiflora edulis* Sims com frutos ovais ou oblongos, às vezes redondos, casca grossa e muito lisa, amarela na variedade flavicarpa; *Passiflora edulis* var. Verrucifera com fruto globoso, mais ou menos glabro, arroxeado quando maduro, em outras variedades alaranjado ou amarelo-áureo; e *Passiflora quadrangularis* L. com frutos ovais, com até 20 cm de comprimento por 15 cm de diâmetro, amarelos quando maduros.

Algumas publicações tratam do uso popular do maracujá. O maracujá é reportado para o tratamento de perturbações nervosas da menopausa, insônia, histeria, normalizador da pressão arterial, para o tratamento de hemorróidas, reumatismo, inflamações cutâneas, erisipela etc. (Panizza, 1997).

---

1 Bióloga, pós-doutoranda em Horticultura na Faculdade de Ciências Agronômicas da Unesp, *campus* de Botucatu.

Martins (1998) relata que as folhas são usadas como diurético, emenagogo, calmante, anticonceptivo e anti-febril, irritação freqüente, ansiedade e insônia. De acordo com Silva et al. (1998), o infuso de folhas é utilizado para o tratamento da depressão, insônia, dor de cabeça e nevralgias.

Na *Passiflora alata* Dryand, as folhas e flores são calmantes, desinfetantes antiinflamatório, depurativo e diuréticas. As sementes e as raízes são vermífugas (Körbes, 1995, Silva Júnior, 1998).

Comprovação científica

A espécie *Passiflora incarnata*, de acordo com Masson et al. (1998) é indicada para ansiedade, insônia, hipertensão arterial, taquicardia, palpitações, mialgias. Esta espécie apresenta os seguintes princípios ativos: flavonóides, traços de alcalóides indólicos, traços de heterosídeos cianogênicos e traços de óleo essencial de composição ainda não definida.

Teske & Trentini (1997) afirmaram que *Passiflora alata* apresenta os seguintes constituintes químicos: alcalóides indólicos, flavonóides, glicosídeos cianogênicos, álcoois, ácidos, gomas, resinas, taninos, agindo como depressor inespecífico do sistema nervoso central, o que resulta em uma ação sedativa, tranqüilizante (em função da ação da passiflorina) e antiespasmódica da musculatura lisa. Indicam ainda que, por causa da presença da passiflorina, substância similar à morfina, é um medicamento de grande valor terapêutico como sedativo e que, apesar de narcótico, não deprime o sistema nervoso central. Seu uso diminui a pressão arterial e ativa a respiração, deprimindo a porção matriz da medula; também possui efeitos analgésicos, utilizados contra nevralgias.

A ação ansiolítica e sedativa de *P. edulis* foi confirmada por Cunha et al. (1998), sendo esta atividade atribuída a diversos constituintes, alcalóides e outros e, mais recentemente, aos flavonóides.

Pereira et al. (1998) observaram que as espécies *Passiflora alata* Dryand e *P. incarnata* L. possuem comprovada ação hipnótica/sedativa, devido à presença de flavonóides e de alcalóides, sendo que a *P. incarnata* está registrada como oficial na Farmacopéia Européia e a *P. alata* na Farmacopéia Brasileira, indicando a folha como a parte utilizada.

De acordo com Sartório et al. (2000) os princípios ativos das folhas de *Passiflora* spp são alcalóides indólicos (harmana, harmina, harmol, harmalina), flavonóides (viteexina, isvitexina, orientina, apigenina), glicosídeos cianogênicos, álcoois, ácidos, gomas, resina, taninos. A infusão das folhas é indicada para dores de cabeça de origem nervosa, ansiedade, menopausa, insônia, taquicardia nervosa, doenças espasmódicas, nevralgias, asma, estados depressivos em virtude de alcoolismo, pressão alta. É contra-indicada para hipotenso.

Especialistas brasileiros selecionaram a *Passiflora edulis* Sims para estudo por ser a mais cultivada no país. Os resultados de ensaios farmacológicos pré-clínicos aplicados a extratos das folhas, demonstraram a existência de propriedades compatíveis com a indicação popular de calmante e indutor de sono. Detectaram nesta espécie, a passiflorina, e a cardiospermina, em *P. coerulea* L. detectaram crisina, um flavonóide ativo com propriedades tranqüilizante e miorrelaxante, semelhante aos benzodiazepínicos, com propriedades anticonvulsivantes. Em outro estudo foram identificados novos flavonóides livres e glicosilados, inclusive a isovitexina, cuja maior concentração ocorre logo antes do aparecimento das primeiras flores, mas sua eficácia e segurança ainda requerem comprovação científica. O chá de folhas de *Passiflora edulis* teve sua ação neuroléptica como um tranqüilizante suave confirmada por ensaio farmacológico e clínico (Matos, 2000). Estudos clínicos iniciais revelaram como constituintes importantes o alcalóide harmano, também conhecido como passiflorina, bem como os glicosídeos cianogênicos: cianocardina, tetrafilina e ginocandina (Lorenzi & Matos, 2002).

Passiflora incarnata L., a mais estudada das espécies, contém até 2,5% de flavonóides, em particular, as C-glicosil-flavonas derivadas da isovitexina, schafotosina, iso-orientina, vicenina e leucenina, especialmente se as plantas são freqüentemente podadas. Aceita-se hoje que a propriedade neuroléptica observada com o uso dos chás de folhas dos maracujás se deve ao complexo fitoterápico formado pela ação sinérgica de seus componentes e não a um único destes componentes. (Lorenzi & Matos, 2002).

Referências bibliográficas

CORRÊA JÚNIOR et al. *Cultivo de Plantas Medicinais, condimentares e aromáticas*. 2 ed. Jaboticabal:Funep, 1994.162p.

CUNHA, A.P.M.A. et al. *Passiflora edulis* Sims; flavonóides e luteolina: ações neurofarmacológicas. In: SIMPÓSIO DE PLANTAS MEDICINAIS do BRASIL, 15, 1998. Águas de Lindóia. *Resumos*... Águas de Lindóia: (s.n.), 1998. p.92.

LORENZI, H., Matos, F.J.A. *Plantas Medicinais no Brasil* – nativas e exóticas. Nova Odessa, SP: Instituto Plantarum de Estudos da Flora, 2002. 512p.

MARTINS, E.R. et al. *Plantas Medicinais*. Viçosa: UFV, 1998. 220p.

MATOS, F.J.A. *Plantas medicinais*: guia de seleção e emprego de plantas usadas em fitoterapia no Nordeste do Brasil. Impr. Universitária/UFC, 2000. 344p.

PANIZZA, S. *Plantas que curam:* cheiro de mato. São Paulo: Ibrasa, 1997. 279p.

PEREIRA, C.A.M., VILEGAS, J.H.Y., LANÇAS, F.M. Estudo químico de espécies de *Passiflora* R.: revisão de literatura. In: SIMPÓSIO DE PLANTAS MEDICINAIS do BRASIL, 15, 1998. Águas de Lindóia. *Resumos*... Águas de Lindóia: (s.n.), 1998. p.201.

KÖRBES, C.V. *Plantas medicinais*. Francisco Beltrão-Pr: Assessoar, 1983. 96p.

SARTÓRIO, M.L. et al. Cultivo orgânico de Plantas Medicinais. Viçosa, MG: Aprenda Fácil, 2000. 260p.

SILVA, B.T.F. et al. Atividades depressora do SNC, analgésica e antiinflamatória do extrato etanólico de folhas de *Passiflora edulis*. In: SIMPÓSIO DE PLANTAS MEDICINAIS DO BRASIL, 15, 1998. Águas de Lindóia. *Resumos*... Águas de Lindóia: (s.n.), 1998. p.44.

SILVA JR., A. S. *Plantas Medicinais- CD-Rom* – Epagri – Promed-Projeto Plantas Medicinais, 1997.

TESKE, M., TRENTINI, A.M.M. *Herbarium: compêndio de fitoterapia*. 3 ed. Curitiba: Herbarium, 1997. 317p.

SOBRE O LIVRO

Formato: 14 x 21 cm
Mancha: 23,7 x 42,5 paicas
Tipologia: Horley Old Style 10,5/14
Papel: Offset 75 g/m² (miolo)
Cartão Supremo 250 g/m² (capa)
1ª edição: 2007

EQUIPE DE REALIZAÇÃO

Coordenação Geral
Marcos Keith Takahashi

Impressão e Acabamento

bandeirantes
on demand